筑牢长江上游重要生态屏障的重庆实践

袁文全　袁兴中　谭志雄　刘德绍　著

重庆大学出版社

内 容 简 介

本书由作者在综合主持承担的相关项目研究成果的基础上写作而成。生态屏障建设本身是一个复杂的系统工程,涉及多个方面和多个学科领域。作为研究长江上游重要生态屏障建设方面的专著,本书注重多学科交叉融合研究,吸收和应用了当前生态屏障保护与建设的先进理念,在论述生态屏障理论及系统梳理国内外相关研究进展情况的基础上,对重庆筑牢长江上游重要生态屏障进行了全面阐述。全书共十章,完整阐释了生态屏障建设的理论基础,长江上游重要生态屏障范围及组成,重庆重要生态屏障建设现状、目标与任务,重庆筑牢长江上游重要生态屏障的实现路径及优先行动、实践探索及建设成效、制度保障,充分反映了生态环境管理领域前沿研究内容,是生态屏障保护与建设方面具有开拓性的创新性研究成果。

本书可供生态环境管理、生态文明法治、生态学、环境科学与工程等领域的管理人员、专业技术人员和大专院校师生参考。

图书在版编目(CIP)数据

筑牢长江上游重要生态屏障的重庆实践／袁文全等
著. -- 重庆：重庆大学出版社, 2024. 12. -- ISBN
978-7-5689-4993-4

Ⅰ. X321.271.9

中国国家版本馆 CIP 数据核字第 20246HJ957 号

筑牢长江上游重要生态屏障的重庆实践

ZHULAO CHANGJIANG SHANGYOU ZHONGYAO
SHENGTAI PINGZHANG DE CHONGQING SHIJIAN

袁文全　袁兴中　谭志雄　刘德绍　著
策划编辑:龙沛瑶

责任编辑:龙沛瑶　　　版式设计:龙沛瑶
责任校对:邹　忌　　　责任印制:张　策

*

重庆大学出版社出版发行
出版人:陈晓阳
社址:重庆市沙坪坝区大学城西路 21 号
邮编:401331
电话:(023) 88617190　88617185(中小学)
传真:(023) 88617186　88617166
网址:http://www.cqup.com.cn
邮箱:fxk@ cqup.com.cn(营销中心)
全国新华书店经销
重庆升光电力印务有限公司印刷

*

开本:720mm×1020mm　1/16　印张:13.75　字数:196 千
2024 年 12 月第 1 版　　2024 年 12 月第 1 次印刷
印数:0—1 000
ISBN 978-7-5689-4993-4　定价:59.00 元

前　言

　　"生态屏障"理念是在总结当前解决生态环境问题及其历史发展过程中取得的重大成果基础上提出的,反映了生态文明理念在社会生产中的实际应用。生态屏障建设是构建生态文明的重要实践途径,是我国应对气候变化、维护全球生态环境安全的重要措施,是加快形成人与自然和谐共生的现代化建设新格局、开创社会主义生态文明新时代的必然选择。发源于青藏高原,流经横断山区、云贵高原、四川盆地的长江在重庆贯穿三峡,最终流入东海,形成"山—河—湖—海"流域综合体。改革开放以来,长江流域经济社会迅速发展,综合实力显著提高,已经成为国家的经济中心和活力之地。长江流域又是一个生态环境脆弱、人地关系错综复杂的地区。长江上游作为长江流域和众多的支流流域、山地丘陵等地区的重要生态屏障,对维护我国生态安全具有重大意义。筑牢长江上游重要生态屏障事关中华民族的永续发展。

　　2016 年 1 月,习近平总书记在重庆调研期间召开推动长江经济带发展座谈会,强调推动长江经济带发展必须从中华民族长远利益考虑,走生态优先、绿色发展之路,让中华民族母亲河永葆生机活力。当前和今后相当长一个时期,要把修复长江生态环境摆在压倒性位置,共抓大保护,不搞大开发。"保护好三峡库区和长江母亲河,事关重庆长远发展,事关国家发展全局。要深入实施'蓝天、碧水、宁静、绿地、田园'环保行动,建设长江上游重要生态屏障,推动城乡自然资本加快增值,使重庆成为山清水秀美丽之地。"重庆是我国重要的中心城市,位于三峡库区腹地,是长江上游重要生态屏障的关键区域。近年来,重庆以高度的政治自觉和强烈的使命担当,顺应人民群众的期盼,以最坚决的态度、最严格的制度、最有力的措施,推动习近平总书记的重要讲话精神和要求在巴渝大地落地生根,以建设长江上游重要生态屏障为使命,共抓大保护、不搞大开发,通过一系列富有成效的创新实践和有益探索,长江上游重要生态屏障建设取得明显成就。重庆筑牢长江上游重要生态屏障,要立足国家发展全局和重庆长远发展的战略高度,明确战略目标定位和指导思想,坚持系统性、整体性、协同性,聚焦重要生态屏障建设的核心内涵,围绕重要生态屏障建设的内容、战略路径及其政策制度保障等关键要素持续系统性推进。

本书研究成果是在中国工程科技发展战略重庆研究院重点咨询项目"重庆构建长江上游重要生态屏障体系战略研究(2020-CQ-XZ-5)"和重庆大学中央高校基本科研业务费专项资助项目"新时代西部大开发战略支点打造研究(2024CDJSKPT11)"的资助下,注重多学科交叉融合研究,吸收和应用了当前生态屏障保护与建设的先进理念,在论述生态屏障的理论基础及国内外相关研究进展的基础上,对重庆筑牢长江上游重要生态屏障实践进行了系统研究,完整地展现了长江上游重要生态屏障保护与建设的创新实践。全书共十章,深入探讨了生态屏障的概念、类型、生态特征、功能,重庆市生态屏障建设现状、目标与任务,重庆筑牢长江上游重要生态屏障的实现路径及优先行动、实践探索及建设成效、制度保障。

本书是对生态屏障保护与建设的创新性实践探索,充分反映了生态学和生态系统管理领域前沿科学技术及管理实践内容,系统地展现了在习近平生态文明思想指引下大河流域重要生态屏障建设的地方生动实践,是生态屏障保护与建设方面的开拓性创新研究工作。本书由袁文全统稿,各章执笔分工如下:第一章、第二章、第五章由袁文全撰写,第三章、第六章、第七章、第八章由袁兴中撰写,第四章由刘德绍撰写,第九章由谭志雄撰写,第十章由袁兴中、袁文全、谭志雄共同撰写。本书的写作得到中国工程科技发展战略重庆研究院的支持,也得到重庆市相关部门和专家学者的大力关心和帮助,在此表示衷心的感谢!

2024 年 12 月

目 录

第九章 重庆筑牢长江上游重要生态屏障的制度保障

第十章 总结与建议

参考文献

第一章

1

总论

第一节 研究背景

"生态屏障"是在深入了解国家当前面临的生态环境问题以及在长期的生态环保工作中积累起来的基础上,站在整个流域和地区的角度来考虑的(王玉宽等,2005)。"生态屏障"这一理念的提出,是对我国生态环境保护和建设理念的一次跨越,它反映了生态学理论在社会生活中的实际运用(王晓峰等,2016)。生态屏障建设是构建生态文明的重要实践途径,也是我国主动应对环境和气候变化、维护全球生态安全的重大举措。保护与构建生态屏障,关系到民生幸福,关系到国家前途,也关系到"两个一百年"奋斗目标和中华民族伟大复兴中国梦的实现(王玉宽等,2005)。

生态屏障的提出及建设在长江流域已有20余年时间,流域及区域生态保护建设已取得显著成就。生态屏障是为人类生产、生活、生态提供安全保障的生态系统功能及其所依托的空间格局(丛晓男等,2020),包括以下基本要素:(1)生态环境的客观现状及其生态系统服务;(2)生态系统服务的目标是为人类社会、经济发展提供基本支持与安全保证;(3)自然生态系统所在区位及其服务的空间范围,如长江上游重要生态屏障存在于长江上游,但其服务功能却超越上游,遍及全流域(邓玲,2002)。生态屏障的构建是为了维护、修复、优化与本地区的生态健康与安全有关的具体生态系统的战略行为(王玉宽等,2005)。生态屏障建设的对象是提供针对流域或区域的生态系统服务的自然生态系统及其存在的区域空间,生态屏障建设的目的是满足自然需求和人类(区域或流域居民)社会经济发展的安全保障。构建生态屏障的核心是要解决好自然环境演化与人的发展需要之间的冲突,使其发挥出最大的效用,同时确保不对其造成损害(四川省林学会办公室,2002)。

发源于青藏高原,流经横断山区、云贵高原、四川盆地的长江在重庆贯穿三峡,最终流入东海,形成"山—河—湖—海"流域综合体。长江流域水资源及生物多样性丰富,上游和下游的生态环境和资源优势各不相同。长江上游地处亚热带,自然垂直带谱完整,是长江流域水源地和水塔,也是我国生态环境脆弱带和全球气候变化敏感区。长江上游地处东西部政治、经济、文化交流的枢纽,因此长江上游生态屏障的生态保护和经济社会发展对于中华民族永续发展至关重要(陈国阶,2002)。改革开放以来,长江流域经济社会得到迅速发展,综合实力得到显著提高,已经成为国家的经济中心和活力之地,但它又是生态环境脆弱、人地关系错综复杂的地区。近年来,党和政府将建设长江上游重要生态屏障作为国民经济和社会发展的重要战略目标之一,贯穿经济社会发展的各方面、全过程。长江上游重要生态屏障包括上游及其众多支流流域、山地丘陵等不同区域屏障体系,是长江流域生态安全的重要保障和国家生态安全战略的重要组成部分(丛晓男等,2020;达凤全,2001)。

党的十八大以来,习近平同志为核心的党中央深刻总结人类文明发展规律,始终坚定不移推进生态文明建设,生态文明建设理念深入人心,生态文明建设成为一项基本国策。2015年10月,党的十八届五中全会提出"筑牢生态安全屏障,坚持保护优先、自然恢复为主,实施山水林田湖生态保护和修复工程",自那以来,生态屏障建设成为关注焦点。2016年1月,习近平总书记在重庆视察期间召开推动长江经济带发展座谈会,强调推动长江经济带发展必须从中华民族长远利益考虑,走生态优先、绿色发展之路,让中华民族母亲河永葆生机活力。习近平总书记指出,"当前和今后相当长一个时期,要把修复长江生态环境摆在压倒性位置,共抓大保护,不搞大开发"。"保护好三峡库区和长江母亲河,事关重庆长远发展,事关国家发展全局。要深入实施'蓝天、碧水、宁静、绿地、田园'环保行动,建设长江上游重要生态屏障,推动城乡自然资本加快增值,使重庆成为山清水秀美丽之地""加快建设内陆开放高地、山清水秀美丽之地""努力在推进长江经济带绿色发展中发挥示范作用"是习近平总书记对重庆提出的重要政治任务,也是重庆推进生态文明建设和长江经济带绿色发展的总体遵循。2024年4月,习近平总书记在视察重庆期间主持召开新时代推动西部大开发座谈会,强调要坚持以高水平保护支撑高质量发展,筑牢国家生态安全屏障,进一步形成大保护、大开放、高质量发展新格局。

重庆是我国重要的中心城市,地处三峡库区腹地,是长江上游重要生态屏障的关键区域。重庆以高度的政治自觉和强烈的使命担当,顺应人民群众的期盼,以最坚决的态度、最严格的制度、最有力的措施,让习近平总书记重要讲话精神和要求在巴渝大地落地生根,以建设长江上游重要生态屏障为使命,共抓大保护、不搞大开发,通过一系列富有成效的创新实践和有益探索,长江上游重要生态屏障建设取得明显成就。进入新时代,遵循习近平生态文明思想的指引,在持续推进长江上游重要生态屏障建设过程中,仍有许多值得探讨和解决的重要问题。

综上所述,开展重庆筑牢长江上游重要生态屏障的实践研究,要站在生态文明建设的战略高度,以重庆长远发展与全国发展大局的战略眼光,明确战略指导思想和目标定位,坚持系统性、整体性、协同性,厘清生态屏障建设的深刻内涵,明确重要生态屏障建设的主要内容、战略路径、制度保障,为筑牢长江上游重要生态屏障提供科学参考和技术路径指引。

第二节　国内外研究进展

一、国外生态屏障研究概况

生态屏障的英文表述为"Ecological Protective Screen""Ecological Shelters""Ecological Barriers",或"Ecological Defense"。在生态学中,"Shelter"多指动物的庇护场所;在景观设计中,"Ecological Screen""Ecological Shelters"多指为人们提供亲近自然的绿色空间。"Ecological shelter"多指生态庇护所,"Ecological barrier"多指对物种迁移具有阻碍作用的自然屏障,"Ecological defense"多指阻

止物种进入的人为屏障。在多数情况下国内生态屏障的英文表述为"Ecological protective screen"（Bryan et al,2018；Feng et al,2013）。

从历史上看,19世纪后期,不少国家由于过度放牧、大规模盲目开垦土地、围湖造田、城市疯狂扩张等,造成环境污染、风沙弥漫等各种自然灾害频繁发生。20世纪以来,很多国家都开始关注生态保护建设,先后实施一批林业生态工程,较为典型的如美国的"罗斯福工程"、苏联的"斯大林改造大自然计划"、加拿大的"绿色计划"、日本的"治山计划"、北非五国的"绿色长城工程"、法国的"林业生态工程"、菲律宾的"全国植树造林计划"、印度的"社会林业计划"、韩国的"治山绿化计划"以及尼泊尔的"喜马拉雅山南麓高原生态恢复工程"等。这些大型工程都可以算是生态屏障建设工程,对各国生态环境保护和建设起到了不可替代的重要作用。

美国大平原各州防护林工程又称"罗斯福工程",是指在密西西比河以西和洛杉矶以东地域营建大规模防护林（朱教君,2013）,这是美国林业史上最大的防护林工程,也可被视为美国早期开展的生态屏障建设项目,也是世界上较早的生态屏障建设实践案例。该项目是美国联邦政府的第一个实验性多方合作保护项目（cooperative conservation）,缘起于如何解决沙尘暴,用一条长1 300英里、宽100英里的防护带将中部地区与沙尘暴隔离开,旨在阻止荒漠化、保护国土。大规模防护林建设是从20世纪30年代沙尘暴席卷大平原后开始的（Roland,1952）。罗斯福总统认为应将防护带的宽度设计成多样且富于变化,林业工作者开始规划防护带的宽度和形状。最初的防护带建得较宽,模拟了接近自然的环境,因而创造了促进树木生长的条件或微气候。

第二次世界大战结束后,苏联开始筹划"斯大林改造大自然计划"（朱教君,2013）,并于1948年提出"苏联欧洲某些草地及林地,为保证农作物的稳定与高产,建立农田防护林带,推行耕地轮种,兴建水塘及蓄水池,以保证农作物的稳定与高产"。该计划主要针对环境变化,规划实施了各种防护林570万公顷、大型防护林带8条（总长5 320千米）,是防护林建设最早的国家（高志义,1997；

Dzybov，2007）。资料显示，在苏联解体前，防护林覆盖该国 19% 的林地（柏方敏等，2010）。

日本举国上下高度重视治山，认为不能治山就不能治国。1911 年日本实施治山计划后，百余年中取得巨大成效。日本在 1904 年创建砂防工学（即侵蚀控制工学），并把治理山地和治理森林作为其治理的重要措施（Fujikake，2007；朱教君，2013）。治山包括森林措施和工程措施两方面，日本治山名目繁多，或称复旧，或叫预防，不论哪一种都以发展森林为其必不可少的内容，凡已确定治理的小流域都要造林种草。治山的森林措施与工程措施相结合，在日本已形成一个完整的森林—砂防工事治山体系（中国林业技术交流代表团，1983）。日本防护林覆盖面积占全国森林面积的 36%（占国土面积的近 1/4），并且对防护林类型进行了较为详细的分类，水源涵养林和水土保持林是防护林的主体，占 90% 以上。治山治水防护林工程在促进水源涵养和水土保持方面发挥了重要作用（Zhu et al.，2012）。

澳大利亚在 20 世纪 80 年代为保护土壤、植物和家畜，用农田防护林构建庇护场所。Bird 等人（1992）认为在农耕区和高降雨牧区，系统种植 10% 的防护林系统，可以使雨水降速减小 50%，从而避免对土壤的强烈冲刷，有利于植物保护、优化放牧和牲畜繁殖。

非洲绿色长城（GGW）是一项在撒哈拉沙漠和萨赫勒地区防治荒漠化的泛非倡议。萨赫勒是非洲一片广阔而贫瘠的半荒漠区域，位于撒哈拉沙漠以南、苏丹草原以北，覆盖布基纳法索、乍得、马里、毛里塔尼亚、尼日尔和塞内加尔六个国家。尼日利亚联邦共和国前总统奥卢塞莫·奥巴桑乔（Olusegun Obasanjo）在萨赫勒—撒哈拉国家共同体（CEN-SAD）领导人会议和 2005 年 6 月布基纳法索瓦加杜古举行的国家元首会议上提出了萨赫勒和撒哈拉绿色长城倡议（GWSSI），随后开始采取行动（Goffner et al.，2019）。GGW 被设计为一条横跨非洲大陆的长 7 000 千米、宽 15 千米的植树造林林带，最初的目标是对抗荒漠化的有害影响，阻止沙漠发展。在干旱和贫困地区开展的绿色长城建设，将对区域生态环境和居住区产生积极影响。萨赫勒和撒哈拉绿色长城的生态屏障作用主要包括以下方面:(1)植被覆盖可以减少土壤侵蚀,减缓风速并有利于雨水渗透进土壤;(2)通过增加植物和动物有机物质,改良退化土壤;(3)跨国界大面积再造林,有助于野生植物和动物恢复,提高区域生物多样性,有利于区域生态气候恢复;(4)通过发展多样化的植物种植和提高动物生产量,复兴农业和畜牧业;(5)增加森林产品,包括木材及非木质生态产品;(6)植被覆盖提高,有利于水源涵养,同时通过水池、人工湖和水泵系统调控水源提高生产力。

　　韩国是一个多山国家,山区丘陵约占国土面积的70%。在历史上,韩国森林资源十分丰富,但由于屡遭战乱破坏,特别是长达35年的殖民统治,森林破坏更加严重。到1945年,战火和过度砍伐导致森林面积急剧减少,全国森林面积仅剩318万公顷,森林质量严重退化,平均每公顷森林蓄积量下降到不足10立方米(李世东,2022)。当时的韩国到处是荒山秃岭,山地荒芜,洪涝和干旱灾害不断,水土流失严重。森林稀少还引发了一系列次生灾害,如火灾、泥石流、病虫害、旱灾等。根据国家森林开发计划,韩国从1962年开展治山治水(金瑛,2008;李世东、翟洪波,2002)。1973年以来,韩国连续实施两个阶段的"治山绿化"十年计划,取得显著成效。其中,1973—1982年是实施第一个治山绿化"十年计划"阶段,1988年又开始推行"山林资源化计划",其核心是提高森林质量与生态环境效益。韩国的治山绿化运动是20世纪70年代由韩国政府发起和推进的,创造了绿化国土的奇迹,实现城市与农村绿化、经济与生态、人与自然和谐发展,使韩国成为世界上成功进行植树造林的国家之一。

二、国内生态屏障研究进展

(一)生态屏障概念提出的背景

　　"屏障"一词在汉语中指屏风或阻挡之物,也有保护遮蔽的含义,属于一种功能实体。屏障可指某一样物体像屏风遮挡、护卫一个需要保护的东西,通常指山岭、岛屿、江河或大型物体等;意为"遮挡"时,指遮蔽阻拦或用来遮蔽的东西,如"燕山、西山屏障北京"。在英语中多用"Barrier""Screen"或"Shelter"来表述屏障,意指阻挡物或庇护所。

"加强生态建设,遏制生态恶化"是中国 21 世纪社会发展的根本目标之一。生态建设对我国改善西部地区以及整个长江、黄河流域人民的生存环境,保障流域经济社会可持续发展,具有非常重大的意义。1998 年长江流域特大洪水聚集了全国乃至全球的目光,长江流域的生态安全引起广泛关注和重视。在对长江大堤内亿万人民群众生命安全密切关注的时候,引发人类更深层次的思考,那就是要从根源上提升防洪减灾水平,正确理解"治山"和"治水"之间的辩证关系,从而为科学治理提供理论依据。1998 年长江流域特大洪水后,国内一些学者提出建设中华民族绿色生态屏障的想法,认为我国的水患灾害告诉我们,失去森林就是失去绿色生态屏障,失去人类赖以生存的摇篮(江泽慧,1998a;江泽慧,1998b)。

2001 年,在四川省林学会首次召开的建设长江上游生态屏障学术研讨会上,与会代表深入讨论了生态屏障概念(四川省林学会办公室,2002),之后学术界对生态屏障概念、内涵、特征、类型、功能及其理论基础、建设技术方法进行了不断的探讨和拓展(王晓峰等,2016)。近年来,国家层面的植树造林和防护林建设涵盖了小流域治理、生态农业、退耕还林还草、天然林保护、野生动植物保护、自然保护区建设等。目前,我国城市规划和生态环境保护主要是针对个别保护性建筑或部分的保护性建筑,缺少对生态环境进行系统性的保护与建设。部分生态建设项目只是单纯地造林种草,过分注重单一的绿化、种草。目前,对小流域的研究主要集中在拦截泥沙和水土流失方面,而忽视了其对生态系统的影响。从生态系统视角出发,以长江上游为代表的大型流域生态防护体系的构建,打破了地域界限,实现了对生态环境保护的跨越,是对生态文明理念的一次跨越,也是将生态文明理念融入社会生产生活中的重要表现(邓玲,2002)。

（二）生态屏障概念的理论与实践基础

生态屏障概念的产生可追溯到恢复生态学（Restoration ecology）的产生。生态屏障的概念源于 20 世纪 80 年代中国学者对遭到破坏的生态系统进行恢复和重建的科学研究，基于人类认识到生态系统具有多种多样的服务功能，其核心内容是生态保护、生态恢复和生态重建（中国大百科全书生态学卷编委会，2021）。该概念是中国生态科技工作者和管理者在长期实践的基础上提出来的，是在长期经济社会发展以及生态保护理念不断深化的过程中逐渐积累起来的，具有中国特色和世界首创性。

恢复生态学是研究生态系统退化的原因、退化生态系统恢复与重建的技术方法及其生态学过程和机理的学科（彭少麟等，2020；彭少麟，2000），可以认为恢复生态学是生态屏障建设的重要理论基础。恢复生态学是 20 世纪 80 年代兴起的一门新兴的应用生态学学科，其研究对象为遭受灾害和人为干扰影响而退化的生态系统。恢复生态学的发展以生态保护、生态恢复为核心，围绕区域生态安全问题展开研究。

基于我国对长期生态保护建设经验的总结提出生态屏障概念，是社会经济发展和生态学理论深入于社会生产实践活动的必然结果（王玉宽等，2005）。近年来，国家经济和社会的迅速发展和综合实力的不断增强，为实施跨区域跨流域的生态保护和建设打下了良好的基础。中央和地方各级人民政府在制定生态保护建设战略时，不但要改善当地的生态环境，同时关注整个流域、区域甚至全国和全球的生态环境问题。为此，制定并实施跨区域、跨流域生态保护的发展策略，是国家经济和社会发展的大势所趋。

（三）生态屏障建设的实践探索

生态屏障概念的提出，对我国在生态环保工作中实行系统工程与长期规划提供了决策依据（王玉宽等，2005）。生态屏障概念强调生态屏障是一种耦合"人—自然"的复合生态系统，应从整体结构的角度，构建具有合理结构和稳定功能的"生态屏障"。因此,生态屏障建设是一项跨时空的系统工程。

我国的生态屏障建设从区域向全国尺度不断发展,反映了不同区域对于生态功能提升的需求。初期的建设重点是水土保持与绿化,包括启动"三北"防护林工程,应对北方地区的风沙、洪水灾害,在长江地区开展长江防护林工程、天然林保护工程、退耕还林工程和滨海防护林工程等(代云川、李迪强,2022)。20世纪90年代中期和晚期,针对生态环境的突出问题,我国实施了天然林保护、退耕还林、环北京地区防沙治沙、绿色通道建设等林业生态工程。1998年长江流域发生特大洪水灾害之后,四川省率先启动实施天然林资源保护工程,此后长江上游各省市天然林资源保护工程和退耕还林工程随之迅速启动。21世纪初以来,我国相继实施天然林保护工程、退耕还林工程、"三北"和长江中下游地区等防护林体系建设工程、京津风沙源治理工程、野生动植物保护和自然保护区建设工程、重点地区速生丰产用材林基地建设工程等六大林业生态工程。这些生态建设项目涵盖我国主要的水土流失区、风沙侵蚀区和其他生态环境最薄弱的区域,是国家重要的生态屏障基础。以上六项工程,不论在规模、投资金额等方面,均可称世界一流的生态大工程(李世东、翟洪波,2002)。

1993—2002年是全国地方生态屏障建设的实践阶段。1996年林业部原部长徐有芳视察四川时提出建设长江上游生态屏障的设想;四川、重庆、西藏等地建设长江上游生态屏障,启动天然林保护、退耕还林、长治工程等重大生态工程。天然林保护工程将"管理"和"保护"有机地融合在一起,受到国内外一致好评。中国有十四亿多人口,其中约八亿是农村居民,为改善生态环境,惠及后代,国家投入超过3 000亿元实施了退耕还林还草工程(李世东、翟洪波,2002)。

2003—2012年,我国的生态屏障建设尺度从地方上升到国家层面,生态屏障建设的目的由生态环境保护转向国家生态安全保护。《全国生态功能区划》对国家重要生态功能区进行了划定,《全国主体功能区规划》确立了"两屏三带"为主体的生态安全战略格局,并首次提出划定生态保护红线。此后,国家层面出台《全国生态脆弱区保护规划纲要》《西藏生态安全屏障保护与建设规划》以及《三峡库区生态屏障区土地生态功能建设专题规划》等规划,重点建设青藏高原、长江上游生态屏障等十大国土生态安全屏障(代云川、李迪强,2022)。

第三节　研究目标与研究内容

(一)研究目标

(1)综合运用生态学、经济学、管理学、环境与资源保护法学、系统科学等学科理论,在梳理相关政策、前人研究成果的基础上,明晰重庆筑牢长江上游重要生态屏障的战略意义,针对生态屏障筑牢在长江流域生态文明和经济发展中的功能定位和阶段性特征,基于生态文明视域构建流域生态屏障建设的理论体系框架。

(2)以重庆筑牢长江上游重要生态屏障的重要实践问题为基础,针对重庆筑牢长江上游重要生态屏障问题的复杂性,系统归纳总结生态屏障建设实践典型经验和科学模式,提出重庆筑牢长江上游重要生态屏障的战略目标、任务和行动框架,提出重要生态屏障建设的路线图和行动路径。

(3)基于共建共治共享的思想理念,提出重庆筑牢长江上游重要生态屏障的制度保障和协同机制,为长江流域生态屏障建设提供实践操作路径和案例范本,为地方党委、政府全面推进长江上游重要生态屏障建设,筑牢长江上游重要生态屏障,提供重要的决策咨询和参考方案。

(二)研究内容

研究内容围绕"描述现状→分析问题→提出对策→总结经验→示范应用→制度保障"的逻辑分析框架与研究思路展开,主要包括以下研究内容:

(1)重庆筑牢长江上游重要生态屏障的现状问题。阐释长江上游重要生态屏障建设的时代背景和重大意义,基于重庆长江上游重要生态屏障建设的基础与现状,对生态屏障建设的重难点问题及其深层次原因进行梳理分析与归纳总结。

(2)重庆筑牢长江上游重要生态屏障的基本框架。深入解读习近平总书记对长江上游重要生态屏障建设的重要指示及大河流域生态文明观,对生态屏障建设理论体系进行系统性梳理和拓展完善,提出重庆筑牢长江上游重要生态屏障的战略目标、任务和行动工程框架。

(3)重庆筑牢长江上游重要生态屏障的实现路径。系统总结重庆筑牢长江上游重要生态屏障的实践探索经验,归纳提炼实践中的典型模式,并在此基础上提出筑牢长江上游重要生态屏障的实现路径。

(4)重庆筑牢长江上游重要生态屏障的制度保障。围绕重庆筑牢长江上游重要生态屏障的战略部署和实践路径,针对存在的现实问题,提出筑牢重要生态屏障的系统性制度设计和长效协同机制。

第四节　研究方法和技术路线

本书紧跟生态文明建设的最新发展趋势,特别是习近平总书记对重庆提出的"两点"定位、"两高""两地"目标和新时代西部大开发的重点战略支点、内陆开放综合枢纽的新的战略定位,结合全市生态环境、社会经济等实际情况,在深入辨识全市生态环境及资源禀赋的基础上,系统诊断"社会—经济—自然"复合生态系统,确立重庆筑牢长江上游重要生态屏障的科学方向和目标,以重要生态屏障构建为基础,结合全市生态功能区划分,从森林、水域、湿地、土壤、矿山、农田、城乡等方面进行生态屏障建设实现路径研究,提出重要生态屏障建设的制度保障及措施。通过理论分析和综合评估、现场调查和实验室分析、定点研究和面上研究、传统方法和现代科技相融合的方式,在科学设计调研方法的基础上制定统一的分析范式。研究技术路线见图1.1。

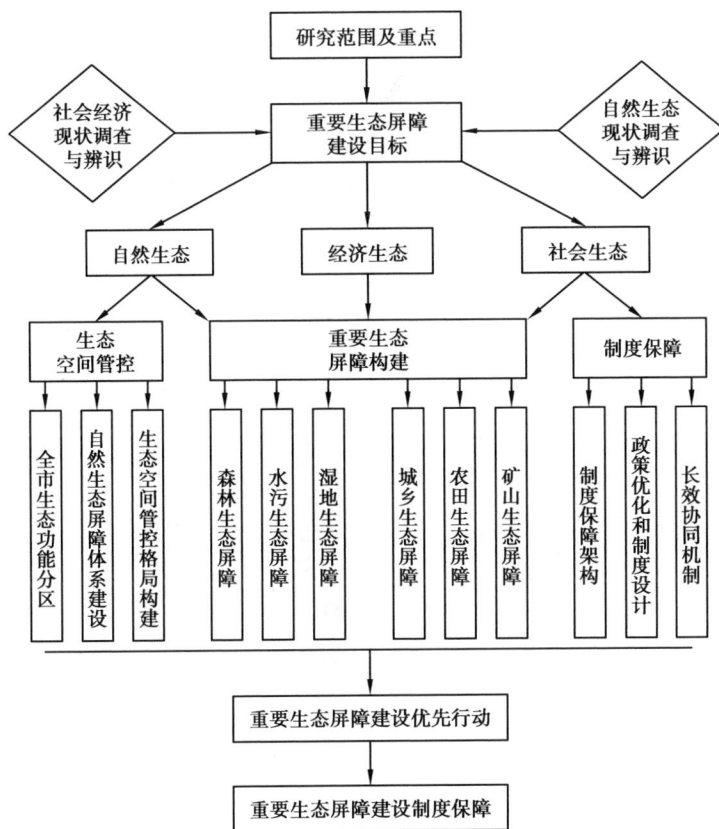

图 1.1　重庆筑牢长江上游重要生态屏障研究的技术路线框架

2

生态屏障建设的理论基础

第一节　生态屏障的缘起

一、屏障的概念释义

"屏障"是指屏风或阻挡之物,也有保护遮蔽的含义,其基本释义为:(1)某一样物体像屏风那样遮挡着,护卫一个需要保护的东西;(2)遮挡:燕山、西山屏障北京。引证详解为:(1)屏风;(2)泛指遮蔽、阻挡之物;(3)保护、遮蔽。

二、生态屏障概念的缘起

基于人类对生态系统服务功能的认识提出了生态屏障概念,其核心内容是生态保护、生态恢复和生态重建,在保护生物学和生态系统生态学等领域得到广泛应用(中国大百科全书生态学卷编委会,2021)。学界对生态屏障的研究大多集中在生态安全、生态工程及恢复生态学等领域。

2000年前后,在我国大力推进西部大开发的时代背景下,"生态屏障"这一概念逐渐被提出。在此基础上,西部地区省份因地制宜地提出有特色的区域性生态屏障建设构想,如四川、云南、贵州提出建设长江上游生态屏障的战略构想,西藏自治区提出建设青藏高原生态安全屏障,内蒙古自治区提出建设我国北方生态屏障。上述战略构想的提出对推动全国生态环境保护与建设具有重要价值和积极意义。

生态屏障概念提出之后,学界和实务界有组织地、较为系统地开展了研讨。2001年四川省林学会举办首次"建设长江上游生态屏障学术研讨会"。会上,有关学者对生态屏障的概念进行了深入探讨(四川省林学会办公室,2002)。一些学者认为生态屏障应当包含三方面的内容,即地表覆盖、生物多样性建设和生物多样性保护(王玉宽,2005)。另一些学者认为生态屏障就是指维持和庇护生物生存繁衍,为人们提供良好生产、生活条件的保障体系(王玉宽,2005)。

此后,学界对生态屏障概念的探讨日趋深化。例如,有学者认为,生态屏障具有维持生态安全功能的生态系统的结构与功能,是一个比较完整、稳定、正循环、处在顶端、朝着顶极群落进化的过程;同时,生态屏障也具有与人类生活与发展相适应的生态需求(陈国阶,2002);也有人提出"生态屏障"是在某一地区的重要区域,通过自我维持和调节能力,对外部或内部的生态环境和生物具有生态上的防护效应和功能,是一种保持地区甚至全国生态安全和可持续发展的结构性和功能性系统(潘开文等,2004)。

第二节 生态屏障的基本内涵

生态屏障是在某一特定区域,具备完善的生态系统结构、功能与过程,能有效保障区域内外乃至国家生态安全的复合生态系统(中国大百科全书生态学卷编委会,2021)。综合前述观点可以看出,生态屏障是地质、地貌、土壤、水分、生物和大气相互作用、相互影响,形成具有一定结构和功能并对人类不利环境问题具有拦截、缓冲、过滤、消除、净化和稳定作用的复合生态系统。

生态屏障是一种在构造与功能上满足人们生活与发展对环境需求的特定保护作用的复合型生态系统,具有复杂的空间配置和时间变化格局,具有重要的实践意义和学术价值。生态屏障的实践意义表现在:(1)强调人与自然的关系,明确了生态保护建设目标;(2)强调区域性和时序性,为生态保护建设提供了决策指南(中国大百科全书生态学卷编委会,2021);(3)为生态保护建设进程进行长期规划提供决策目标。生态屏障的学术价值表现在:(1)对生态系统生态学的内涵进行了丰富与扩展;(2)促进了恢复生态学理论的深入发展(王玉宽等,2005)。

从概念内涵上讲,生态屏障包括三个构成要素:(1)一定地域内的自然生态环境及其生态系统服务功能;(2)以长江为代表的长江上游的重要生态屏障,其为人类社会进步、经济发展提供了基本支持与安全保证;(3)长江上游生态屏障,其功能跨越了"上游",覆盖了整个长江流域。因此,"生态屏障"这一理念既有生态经济学的科学依据,又有广阔的社会现实依据,其理论升华的目的在于引导社会实践,为生态学科的发展和生态环境保护实践提供了新的思路。

第三节　生态屏障的类型及功能

一、生态屏障的类型

对生态屏障类型的划分主要基于其主导的生态服务功能。目前,我国的生态屏障类型主要包括以下两种:(1)防风主导型生态屏障,如内蒙古"北方生态屏障"(宝音等,2002)、青海省铁路部门提出的西部"铁路生态屏障"(钟祥浩等,2006);(2)土壤保持、水源涵养、生物多样性保护主导型生态屏障,如四川、贵州等省份提出的"长江上游生态屏障"(潘开文等,2004)。这些生态屏障具有不同的空间范围和空间尺度、主导生态服务功能。

二、生态屏障的功能

作为一个复合生态系统,生态屏障除了保持其自身生态系统的正常运转之外,也在不断地向其所在的地区输送各种物资与能源,维护着该地区的生态安全(Huang et al.,2018)。生态屏障由多种生态系统组成,这些生态系统具备多种生态服务功能,其中主要有以下七种功能。

(1)水源涵养功能。生态屏障的水源涵养功能主要表现形式包括生态系统的拦蓄降水、调节径流、生物和土壤对水分的吸收、蒸腾作用增加降雨量等。不同生态系统的水源涵养能力具有差异性,包括不同森林、草地及各群落内部的水源涵养能力的差异。森林发挥了最强的水源涵养功能,主要通过林冠截留、枯枝落叶层截持、土壤水分渗入与贮存以及林地蒸发等水文过程,使其水源涵养功能增强。良好的森林植被截留了雨季的降水,成为许多江河源头的重要蓄水结构。

(2)生物多样性保育功能。"生物多样性"是指生物(动物、植物、微生物)与环境形成的生态复合体以及与此相关的各种生态过程的总和,包括生态系统多样性、物种多样性和基因多样性三个层次(马克平等,1994)。生物多样性是影响人类生存与发展、人们生活质量的关键因素。生态屏障的生物多样性保育功能对基因多样性、物种多样性及生态系统多样性的维护尤为重要。近年来,由于人类活动的不断加剧,生态屏障的生物多样性的保育功能减弱,物种数量锐减,这一现象已经引起了世界范围内的广泛重视,也是我国构建生态屏障的主要目的(王玉宽等,2005)。

(3)土壤保持功能。土壤侵蚀是生态环境恶化的重要因素,土壤保持是生态屏障的一项重要生态服务功能。土壤保持服务作为一项重要的生态系统调节服务,是防止区域土地退化、降低洪涝灾害风险的重要保障。生态屏障的土壤保持功能是指生态系统通过截留、吸收、下渗等作用以及植物根系的固持作用,防止土壤流失的侵蚀调控及减轻河流、湖泊、水库淤积的重要功能。该功能主要由构成生态屏障的陆地生态系统和农田生态系统中的植物及群落承担。

(4)净化功能。生态屏障的净化功能,主要是利用植被对土壤污染物的吸附、吸收、分解等作用,从而抑制其对环境造成的破坏。不同类型生态系统的净化效果存在显著差别,如城市绿地系统、道路及河/湖岸绿化带、农田防护林带等对大气污染物、有机废弃物、农药及水体污染物均有一定的拦截和净化作用,而林地和草地中的植物及微生物则可吸附并分解有害物质。湿地生态系统对水环境污染具有明显的净化作用。

(5)气候调节功能。通过空间阻隔,改善下垫面特性及生理-生态学功能,调控区域和局地气候,调节温湿度,缓解城市热岛效应。湿地对局地气候或小气候的调节,主要体现在对地温和空气温湿度的调节上,由于湿地地表积水和土壤过湿,土壤热容量和导热率随湿度增大而提高,导温率随湿度增大而降低,从而使湿地对温湿度的调节具有明显的"冷湿效应"。此外,森林利用光合作用将大气中的 CO_2 与水转化为有机物质,释放氧气,从而减缓全球温室效应。而在同一时间内,森林中的枯落物经过微生物分解后,将碳转入土壤内存储。

(6)防风固沙功能。生态屏障的防风固沙功能,即通过固定表层土壤,改善土壤结构,增加表面粗糙度,阻断风沙流,降低地表暴露水平和大风作用,增强土壤耐风沙侵蚀能力,减弱风力和挟沙作用。在我国西北和华北等地建立起来的人工植被林网和农田林网,已经构成了我国北方重要的防风固沙生态屏障。

(7)碳汇功能。碳汇功能是生态屏障的重要功能之一。碳汇(Carbon sink)是指通过植树造林、植被恢复等措施吸收大气中的二氧化碳,从而降低温室气体在大气中浓度的过程。重视对陆地生态系统及生物多样性保护,提升生态系统碳汇功能,是抵消人类活动造成二氧化碳排放的基于自然的解决方案,是实现双碳目标的重要手段。长江上游重要生态屏障中主要生态系统在碳循环中均表现为碳固定大于碳释放,其中森林生态系统的贡献最大。长江上游作为重要的碳汇区域,影响着区域和全球气候变化。

第四节　生态屏障建设的支撑理论

一、生态文明理论

(一)国外生态文明理论的形成与发展

纵观历史发展脉络,面向生态危机大环境,在深刻思考现代工业文明所导致的人与自然矛盾的前提下,立足于生态规律,通过物质、制度和精神观念的完善,实现人与自然的协调发展,实现"生产发展、生活富裕、生态良好"的新型人类基本生活方式,这是新时代推动人类社会与自然协调发展的一种新型的文明形式(赵芳,2010)。从根本上讲,是在生态危机的大背景下,人类自身的一种自我意识的唤醒;从其含义上讲,"绿色生活"是一种新型的健康生活模式;从其发展过程看,这是对近代工业文明的一种超越;最后的结果表现为人类在一种生态的生产生活方式中所创造的物质、制度、精神的一切事物的总和。

资本主义工业文明受资本利益驱动,盲目寻求着无尽的物质财富,信奉着以占有和消耗为主要特点的消费主义价值观念和物质主义幸福观,一方面推动了工业文明的飞速发展,另一方面也造成了人与环境之间的矛盾以及工业文明的不可持续发展。随着人类社会的进步,地球上的生态环境问题日益凸显,人类对地球生态环境的保护意识日益增强。以生态学为代表的自然科学的发展表明,作为生态共同体的人、其他生物和自然界三者处于相互依赖、相互影响的状态,打破了现代机械论的世界观、自然观和还原论的分析方法,逐步形成了一种有机的、整体的生态思想。随着时间的推移,人们逐渐意识到在使用和改变自然界时,一定要遵循自然法则,同时也要兼顾生态环境所能忍受的极限,不然就会受到大自然的制裁(王雨辰,彭奕为,2022)。

美国学者奥尔多·利奥波德在1947年出版的《沙乡年鉴》中,提倡"像大山一样的思维",倡导以有机的观点欣赏大自然,并由此产生了"大地伦理学"(卢风,2020)。实际上,这是把维护生态共同体的和谐当作最高的善,也被认为是生态文明理论的形成标志。20世纪50年代之后,西方生态文明理论不断发展,对生态文明的认识不断加深。1978年,德国伊林·费切尔(Iring Fetscher)提出生态文明(ecological civilization)概念,他在《论人类生存环境——兼论进步的辩证法》一文中指出"人们向往生态文明是一种迫切的需要"。美国学者莫里森认为"生态文明基于多种多样的生活方式,这些生活方式使相互联结的自然生态和社会生态得以持续。生态文明意味着我们生活方式的根本变革"。广义生态文明概念是指一种新型文明形态，出现在原始文明、农业文明和工业文明之后，是在对传统农业文明、工业文明继承、扬弃与超越的基础上形成的（李世东、徐程扬，2003）。

在这一过程中，西方国家形成了现代人类中心论的"浅绿"生态思潮与生态中心论的"深绿"生态文明理论。前者依据生态科学等自然科学所揭示的整体生态法则，反对以人类为中心的价值观念，将人视为生态系统中的一般成员，并指出正是由于人类中心论的价值取向，才造成了人类对自然的滥用以及生态危机。后一种观点认为，在捍卫人类中心论的价值时，应该注意到，近代人类中心论的问题是将人类中心论的价值取向错误地理解为"人类专制主义"，提倡将近代人类中心论价值修正为立足于人类的总体利益和长期利益，以维护地球生态系统的稳定与和谐为目标的"现代人类中心论"，从而推动科技创新，建立一套严密的环境体系来约束人们的实践行为。从总体上看，这两种不同的理论观点和价值主张都有不同乃至相反的地方，但是，在调节人类价值观和实践行为方面，它们也有着共同之处，那就是如何使人与自然的关系达到和谐。

（二）习近平生态文明思想的形成与指引

20 世纪 80 年代，"深绿"和"浅绿"的生态思潮引入我国，也引起了学术界的热议。随着对西方生态文明理论研究的不断深化，以及对生态学马克思主义生态文明思想的探讨，学术界开始认识到"深绿"和"浅绿"生态思潮单纯以生态价值为视角探究生态问题的抽象性与"西方中心论"的价值定位，开始借助生态学马克思主义的理论资源，对马克思主义生态文明理论进行发掘与梳理，形成一个扬弃"深绿"与"浅绿"生态思想、以历史唯物主义研究范式进行生态文明理论中国化、探寻具有中国特色的生态文明理论体系，从而形成多元的生态文明理论谱系。有学者从"人"的角度出发，认为生态文明内涵包括三个方面：(1)在遵循生态学原则的生产方式、生活方式、科技等方面，对人与自然的关系进行了优化，从而为人类的经济和社会的可持续发展奠定了自然的基础;(2)人的思维方式、行为方式、社会管理体制与生态学原则相一致,达到了生态化的目的;(3)人的知识结构和层次使其具有丰富的生态内涵。这在国家生态建设中具体体现为生态学理论知识普及、技术的推广应用与提升,并在生态环境保护和经济建设相关领域中发挥应有的作用。也有学者从"资源"角度阐释了生态文明内涵,认为就不可更新资源而言,使用速度不能超过替代资源的开发速度和更新速度;从污染角度而言,人类产生的污染不能超出自然的阈值。

在理论层面百家争鸣的大背景下,我国在实践层面逐步给出了一个清晰答案。《中共中央 国务院关于加快林业发展的决定》(2003 年 6 月)将"生态文明"第一次写入中央文件,并首次提出必须走生产发展、生活富裕、生态良好的文明发展道路,建设山川秀美的生态文明社会。党的十七大报告进一步提出建设生态文明,并在全社会牢固树立生态文明观念。尤其是党的十八大以来,党在坚持和发展马克思主义生态思想的基础上不断领导生态文明建设,真正实现了对当代西方生态文明理论成果的继承与超越。党的十八大报告提出要从经济、政治、文化、社会、生态文明五个方面,推进"五位一体"总体布局,明确"建设生态文明,是关系人民福祉、关乎民族未来的长远大计"。党的十九大报告更是要求物质文明、政治文明、精神文明和生态文明并重,把精神文明建设置于新时代中国特色社会主义现代化建设的战略地位,走尊重自然、顺应自然、践行人与自然和谐发展的生态文明发展道路。在生态文明概念和理论的发展过程中,我国发展并形成了具有丰富内涵的习近平生态文明思想,对新时期生态文明建设具有重大的理论创新意义和实践指导价值。党的二十大报告指出,"中国式现代化是人与自然和谐共生的现代化""尊重自然、顺应自然、保护自然,是全面建设社会主义现代化国家的内在要求。必须牢固树立和践行绿水青山就是金山银山的理念,站在人与自然和谐共生的高度谋划发展。"党和国家层面将生态文明建设摆在至关重要的位置,建设人与自然和谐共生的现代化是中国全面建成社会主义现代化强国的第二个百年奋斗目标的关键。

习近平生态文明思想是在唯物史观的指导下,继承和发扬了西方生态文明理论与中国的生态智慧,是对西方生态文明思想的一次重大突破和深刻革命。习近平生态文明思想是对中国传统"天人合一"的哲学世界观和自然观的借鉴,继承和发展了马克思主义的"人与自然"的关系,提出以"生命共同体""人与自然生命共同体"以及"地球生命共同体"概念为基础的生态本体论。习近平生态文明思想坚持以"生态优先"为价值导向,"和"文化价值观与"环境正义"的价值追求是习近平生态文明思想在生态价值观上的特质。西方生态文明在"西方中心主义"的价值观基础上,忽视了由资本主义、全球化导致的全球性生态危机以及广大发展中国家摆脱贫穷、追求更高水平的现实,从而否认了发展中国家的发展权与环境权。习近平生态文明思想是推动各国实现发展、减贫的发展观,也是一种在世界范围内引导环境治理的全球性发展观。在习近平新时代中国特色社会主义思想指引下,生态文明包含六个基本方向:(1)坚持人与自然和谐共生;(2)绿水青山就是金山银山;(3)良好的生态环境是最普惠的民生福祉;(4)山水林田湖草沙是生命共同体;(5)用最严格的制度最严密的法治保护生态环境;(6)共谋全球生态文明建设。生态屏障可以描述为一种具有重要生态服务功能的生态系统,而这正是生态文明理论以及习近平生态文明思想的核心指向,因此,生态屏障建设离不开生态文明理论基础和方向的指引(赵建军,2019)。

二、生态系统理论

生态系统(Ecosystem)一词是英国植物生态学家 A. G. Tanley(1871—1955)于 1935 年首先提出来的。Tanley 基于对植物群落学的深入研究,发现土壤、气候和动物对植物的分布与丰度有明显影响,认为无机环境与生物群落是一个整体,提出"更基本的概念……是整个系统(具有物理学的概念),它不仅包括生物复合体,而且还包括了人们称为环境的各种自然因素的复合体"。

生态系统是由非生物要素和生物群落组成的结构和功能的统一整体,是自然界的基本单元(蔡晓明,2000;袁兴中等,1996)。由于生态系统是可辨识和可操作的结构、功能单元,因此生态系统一直是生态学研究的重心和焦点。生态系统是空间上可辨识和技术上可操作、可设计、可管理的单元,森林、草甸、湿地、乡村水塘、城市绿地等都是不同空间尺度大小的生态系统。生态系统理论强调研究生态系统组成、结构、功能,研究生态系统调控的机制和生态系统设计、管理的基本原理和技术方法。基于生态系统类型及其特征,根据生态系统健康维持及可持续利用的目标需求,对组成生态系统的要素进行空间上的配置和组合,通过各要素的耦合及结构和功能上的合理设计,形成健康可持续的生态系统,并使生态系统服务功能最优。

三、可持续发展理论

1962 年,美国海洋生物学家 Rachel Carson 发表《寂静的春天》,在世界范围内引发了人类关于发展观念的争论。1972 年,美国学者 Barbara Ward 和 Rene Dubos 发表 *Only One Earth*(《只有一个地球》),把对人类生存与环境的认识推向了可持续发展认知的新境界。同年,罗马俱乐部发布题为"The Limits to Growth"(《增长的极限》)的研究报告,明确提出"持续增长"和"合理的持久的均衡发展"概念(Ferris et al.,2001)。1987 年,联合国世界与环境发展委员会在《我们共同的未来》报告中,明确提出"可持续发展是既满足当代人的需要,又不损害后代人满足其需要的能力的发展",第一次给出相对精准的可持续发展理论内涵(Dovers and Handmer,1992)。2013 年,Griggs D 等在《自然》发表文章,重新把可持续发展定义为"在保护地球生命支持系统的同时满足当代需求的发展,当代和后代的福祉都依赖于这一系统"。可持续发展概念在当前比以往任何时候都更为重要,因为它超越了严格的环境、经济和社会发展问题,对人类的生存质量产生了重大影响(Kumi et al.,2014)。

四、生命共同体理论

生命共同体理论将人与自然万物看作统一的共同体,是对环境伦理学、系统哲学和共同体哲学在人与自然关系议题上的继承与超越,成为生态屏障建设的重要理论基础。

在现代汉语中,"生命"指的是生物体所具有的活动能力;"共同体"指的是在共同条件下组成的集体。"生命共同体"最早源于生态学中的"生物群落"(Biotic community)概念,利奥波德第一个将其从生态学意义扩展至伦理学视域,关注"人与土地以及人与在土地上生长的动物和植物"之间的共生关系。

2013 年 11 月,习近平总书记在党的十八届三中全会上提出"山水林田湖是一个生命共同体"的重要思想,指出"人的命脉在田,田的命脉在水,水的命脉在山,山的命脉在土,土的命脉在树",生动形象地阐释了人与自然生态系统间的相互依存关系。2017 年 7 月,习近平总书记在关于国家公园体制建立问题上指出,要"坚持山水林田湖草是一个生命共同体"。2017 年 10 月,党的十九大报告正式提出"人与自然是生命共同体",强调"人类必须尊重自然、顺应自然、保护自然""坚持人与自然和谐共生"(习近平,2017)。2020 年 8 月,针对黄河流域生态保护问题,提出要"统筹推进山水林田湖草综合治理、系统治理、源头治理"。习近平总书记在党的二十大报告中指出,我们要推进美丽中国建设,坚持山水林田湖草沙一体化保护和系统治理。习近平总书记关于"生命共同体"理论的提出与深化发展是对人与自然共生共存关系的深切关注,是对现代系统哲学的新发展,并以社会主义制度下的生命共同体取代传统共同体制度下对人与自然的双重异化。

为推动人与自然和谐共生,习近平总书记指出,"全面提升自然生态系统稳定性和生态服务功能,筑牢生态安全屏障"。生态屏障建设是对人与自然生命共同体、山水林田湖草沙系统治理的践行,必须以生命共同体理论为基础,在系统思维下保护和修复关键生态区域和生态系统。

山水林田湖草沙生命共同体理论,真实地把握了自然生态系统的基本组成要素,阐明了自然生态系统结构与功能的关系,是当代生态学最前沿的生态过程研究成果的集成创新。尤其是在长江上游重要生态屏障区域,要实现生态屏障的水源涵养、水土保持、生物多样性保育等重要生态服务功能,对地表生态过程的了解和调控至关重要。从生态学角度看,山水林田湖草沙生命共同体理论,揭示了隐含在"山水林田湖草沙"生命共同体中的生态学机理,即通过地表生态过程把各要素紧密地连成一个生命整体,阐释了地表生态过程的方向。

生态屏障建设是在系统论的指导下对关键生态区域进行修复和保护,是对山水林田湖草沙生命共同体的系统性治理,不仅有助于维护或恢复区域自身生态系统的稳定平衡和良性发展,而且对相邻或关联区域的环境起着生态庇护或防卫作用(王晓峰、尹礼唱、张园,2016)。生态屏障建设要按照主体功能区的规划定位,在对重要生态功能区和脆弱生态区等关系国家生态安全的关键区域进行优先保护的同时,统筹考虑自然生态各要素,坚持山水林田湖草沙系统治理。

山水林田湖草沙生命共同体理论启示我们,对流域上游重要生态屏障的生态保护与修复,不能仅仅关注单一要素,还应当关注由各要素构成的整体系统——生命共同体,关注使生命共同体长久延续的地表生态过程。山水林田湖草沙生命共同体理论已经超越对自然生态系统的单纯思考,是从人类命运共同体视域展开对人类命运共同体的整体思考,是站在人类社会发展的全新高度,思谋全人类社会发展的长久可持续。山水林田湖草沙生命共同体理论提供了人类思考自然—社会—经济复合生态系统的多维视角,提供了当代"人类世"现实生态系统管理的新范式。

五、"两山"理论

"两山"理论中的"两山"是指"绿水青山"和"金山银山",核心论断是"绿水青山就是金山银山"。"两山"不是简单的物质层面的阐述,而是富有哲理的比喻,"绿水青山"意为自然生态环境,"金山银山"则强调社会经济发展。"两山"理论是习近平总书记关于生态环境保护和经济社会协调发展的重要理论成果。2005年8月,时任浙江省委书记的习近平同志到浙江省安吉县余村考察时,首次提出"绿水青山就是金山银山"的思想。2015年,中央政治局会议将"绿水青山就是金山银山"首次写入中央文件。2017年,党的十九大报告确认"树立和践行绿水青山就是金山银山",并将"增强绿水青山就是金山银山的意识"写入《中国共产党章程(修正案)》。"两山"理论逐渐成为指导生态环境保护和社会经济协调发展的重要理论。

从唯物史观角度来看,生态环境与社会经济之间的关系问题贯穿人类社会发展始终。恩格斯在《自然辩证法》中通过对文明史的考察,例举美索不达米亚、古希腊等地的居民,砍伐森林以得到耕地、单一种植马铃薯等经济作物的生态破坏行为,最终带来毁灭性的生态和社会后果,警示人们过分陶醉于"人类对自然界的胜利"最终会招致"大自然对人的报复"(中共中央马克思恩格斯列宁斯大林著作编译局,2009)。"两山"理论是对自然与社会、生态保护和经济发展之间关系的辩证认识,不仅是经济与生态和谐关系的体现,也是人的全面发展和社会整体运行中物质需求和精神需求辩证关系的延伸,是用生态理性取代经济理性、工具理性,"遵循天人合一、道法自然的理念,寻求永续发展之路"。

恩格斯指出,"因此我们必须时时记住:我们统治自然界,决不像征服者统治异民族一样,决不像站在自然界以外的人一样,相反地,我们连同我们的肉、血和头脑都是属于自然界,存在于自然界的;我们对自然界的整个统治,是在于我们比其他一切动物强,能够认识和正确运用自然规律"(邓湖川,2023)。一百多年前,恩格斯就从辩证唯物主义的自然观角度给予人类生态警示,指出"两河"(底格里斯河和幼发拉底河)之间的"美索不达米亚"的生态重要性。根据现代生态学原理,我们知道"两河"之间的"美索不达米亚"是一个重要的生态屏障,两河流域文明的衰落与生态屏障的破坏密切相关。在我国经济社会发展过程中,以往粗放的经济发展方式用"绿水青山"的自然生态代价换取"金山银山"的经济快速发展,积累了一系列生态环境问题,生态屏障建设就是要弥补这些生态短板,恢复"绿水青山"。以长江流域生态保护和经济社会发展为例,坚持生态优先、绿色发展,遵循"共抓大保护,不搞大开发"原则。习近平总书记提出的长江生态大保护观(习近平,2021),是马克思主义辩证唯物主义自然观在当代的升华,是对大河流域生态文明观深入思考的结晶,集中代表了当代马克思主义理论中国化的大河流域生态文明观。习近平总书记"两山"理论是对经济社会发展与生态环境保护之间关系的新的辩证法思考,蕴含着唯物史观强调物质基础性和以人民为中心的哲学立场,是生态屏障建设的重要理论基础。

六、生态工程理论

"生态工程"(Ecological engineering)概念由美国生态学家 Howard Thomas Odum(1924—2002)于1962年提出,并将其定义为在人类所操纵的环境中,利用一小部分额外的能量来控制一个主要能量仍源于自然资源的系统,生态工程所应用的规则虽以自然生态系统为出发点,但之后所衍生出的新系统将有别于前者。美国国家科学院在1993年指出,生态工程的概念是"永续经营的生态系统设计,这样的生态系统整合人类社会与其所在的自然环境,并使两者都能受益"。Mitsch & Jorgensn 提出"生态工程是使人类社会与其所在的自然环境都能受益的可持续生态系统设计"。

中国生态工程将其优秀的传统文化和现代科技相结合,通过实践探索和理论研究的发展,学界在对其定义、原理、方法论的研究及实践方面均有很大进展,在国际上受到有关学者及应用者的青睐。其中,马世骏在 1986 年指出"生态工程是应用生态系统中物种共生与物质循环再生原理,结合系统工程最优化方法,设计的分层多级利用物质的工艺系统。生态工程的目标就是在促进自然界良性循环的前提下,充分发挥物质的生产潜力,防止环境污染,达到经济效益和生态效益同步发展"。

与传统工程技术相比,生态工程是常规、适用技术的系统组装,其投资少、周期短,技术要求和人员素质不必高、精、尖。其实质是用经济手段解决环境问题,从系统整合中获取资源效益。

3

长江上游重要生态屏障与重庆主要生态功能区

第一节　长江上游重要生态屏障的范围及组成

长江上游在地理范围上是指从长江发源地到干流湖北宜昌段,全长 4 511 千米,干流和主要支流流经青海、甘肃、陕西、西藏、四川、云南、贵州、重庆、湖北等九省(直辖市、自治区),流域面积 105.4 万平方千米,占整个长江流域面积的 58.9%;人口占长江流域的 40% 左右。长江上游地跨我国大地形的第一、第二级阶梯,地貌类型复杂多样。该区域是我国藏、羌、彝等少数民族的重要聚居地,也是我国重要的农牧区和资源富集区。长江上游地处东西部政治、经济、文化的交接地带,是长江流域经济社会可持续发展的关键所在。然而,多年来在"自然—人工"二元干扰及破坏影响下,长江上游生态环境退化严重,在一定程度上影响着该区域乃至长江中下游地区的长治久安与可持续发展。因此,建设长江上游生态屏障是整个长江流域生态环境保护和经济社会可持续发展的迫切需求。

长江上游生态屏障是长江流域生态安全的重要保障,是国家生态安全战略的重要组成部分。长江上游生态屏障包括上游及其众多支流流域、山丘等不同区域屏障体系,但重点是青藏高原生态屏障、川滇生态屏障和三峡库区生态屏障。长江上游生态屏障分为八个区域:(1)高寒源区水源涵养与生物多样性保护生态屏障;(2)川西高山峡谷水源涵养水土保持与生物多样性保护生态屏障;(3)华西雨屏水源涵养、水土保持生态屏障;(4)四川盆地低山丘陵水土流失治理生态屏障;(5)平原农田林网农残留吸附净化生态屏障;(6)秦巴山地生物多样性保护与水土流失治理生态屏障;(7)川、滇、黔相邻区生物多样性保护与水土流失治理生态屏障;(8)城市、道路、水库、工厂、旅游与自然保护区等特殊功能群生态屏障。长江上游生态防护体系的构建是一个系统性工程,其核心部分是推动一个适宜的生态功能区的构建,其核心目标是生态功能的恢复。由于影响生态屏障建设成效的因素还包含科技支撑体系、辅助支撑体系等,因而造林、种草、坡改梯、污染治理等都是生态屏障建设的措施或环节。长江上游重要生态屏障在重庆市域的重点组成部分包括三峡库区土壤保持重要生态功能区、秦巴山区水源涵养重要生态功能区、武陵山山地生物多样性保护重要生态功能区、大娄山北缘水源涵养重要生态功能区、"四山"(缙云山、中梁山、铜锣山、明月山)重要生态区。

第二节　长江上游重要生态屏障市域主要生态系统类型

重庆市域内复杂多变的地形地貌、充沛的水热条件以及众多的河流孕育了丰富的生物多样性。作为第四纪冰川期生物的优良避难地,重庆保存了许多珍稀濒危和特有物种,尤其是渝东北、渝东南地区生物多样性丰富的区域是中国17个具有全球意义的生物多样性保护关键区域以及世界自然基金会(WWF)确定的具有全球保护意义的 200 个优先保护的生态区的重要组成部分。重庆市域范围内自然生态系统主要有森林生态系统、灌丛生态系统、草甸生态系统、河流生态系统以及湿地生态系统等,人工或半人工生态系统主要有农业生态系统和城镇生态系统等。

一、森林生态系统

重庆全市森林主要包括常绿阔叶林、常绿-落叶阔叶混交林、落叶阔叶林、针阔混交林、暖性针叶林、竹林六类,主要分布在渝东北大巴山区、渝东南武陵山区、金佛山区、四面山区以及渝中平行岭谷的山地,全市森林覆盖率达到55.04%。在大巴山、武陵山、金佛山、四面山等地,森林垂直带谱较为明显,从山麓地带向上依次分布有常绿阔叶林、常绿-落叶阔叶混交林、落叶阔叶林、针阔混交林及针叶林。

重庆的森林生态系统具有丰富的物种多样性,如森林的兽类和鸟类分别占重庆兽类与鸟类总数的 83.1% 和 75.1%,且濒危及特有物种众多,如川金丝猴(*Rhinopithecus roxellanea*)、黑叶猴(*Trachypithecus francoisi*)、林麝(*Moschus berezovskii*)、白冠长尾雉(*Phasianus reevesii*)、崖柏(*Thuja sutchuenensis*)、红豆杉(*Taxus celebica*)、连香树(*Cercidiphyllum japonicum*)及香果树(*Emmenopterys henryi*)等。由于历史上天然林经历过数次乱砍滥伐和毁林开荒,海拔 1 000 米以下的大部分原始森林已被破坏,现存森林生境片段化现象比较严重。

二、灌丛生态系统

全市灌丛类型众多,按植被类型划分,共有常绿针叶灌丛、常绿革叶灌丛、落叶阔叶灌丛、常绿阔叶灌丛及灌草丛 5 大类。既有适应低温、大风的亚高山原生灌丛,适应河流边岸生境的河岸灌丛,也有森林破坏后形成的次生灌丛。在三峡库区和渝东南喀斯特地貌区域,有些灌丛生长在森林难以发育的地方,还有不少成为相对稳定的次生植被,这些原生和次生的灌丛植被类型已经是该地区比较常见的植被类型。

灌丛作为仅次于森林的重要生态系统类型,其对物种的保护作用一直被忽视。实际上,重庆市 57.5% 的兽类物种和 62.7% 的鸟类物种选择在灌丛环境中栖息。受长期剧烈的人类活动影响,现有灌木群落大多位于地势低洼地带,生境各异,对生物多样性造成了严重的冲击。

三、草甸生态系统

重庆市域内草甸生态系统主要分布在山地区域及江河沿岸。其中,分布在大巴山、阴条岭、五里坡、雪宝山、金佛山等海拔 2 000 米以上的亚高山草甸是我国中低纬度区域面积最大、保存最原始的山地草甸,生物多样性丰富,具有重要的科研价值和涵养水源、固碳等重要的生态服务功能。

重庆市域内草甸生态系统是同纬度地区野生兰科植物分布最为集中的地区之一,是我国重要的兰科植物种质资源基地。草甸生态系统不仅丰富了重庆市域内的环境异质性,同时大大增加了亚高山动植物区系成分,如藏鼠兔(*Ochotona thibetana*)、小云雀(*Alauda gulgula*)、高山杜鹃(*Rhododendron lapponicum*)、石斛(*Dendrobium*)、贝母(*Fritillaria*)等。这些草甸生态系统目前尚未受到人类活动的过度干扰。

四、河流生态系统

重庆市域内的河流主要由长江、嘉陵江两大水系构成。水体环境的多样性孕育了丰富的水生生物,其中至少有 65 种被国家列为长江上游珍稀特有物种,如中华鲟(*Acipenser sinensis*)、长江鲟(*Acipenser dabryanus*)、胭脂鱼(*Myxocyprinus asiaticus*)、大鲵(*Andrias davidianus*)等。除境内的长江上游珍稀特有鱼类国家级自然保护区以外,令人关注的还有地处高海拔区域的冷水性河溪,其冷水生物丰富而独特,代表性物种有巫山北鲵(*Ranodon shihi*)等。

然而,水利水电工程建设、农村面源污染以及鱼类资源的过度捕捞,已经严重威胁到全市河流生态系统的安全。其中,三峡工程建设使淹没区域内的原有河流生态系统发生巨大变化,造成的影响主要表现在:(1)由于库区水环境由典型的河流水体转变为缓流的湖库水体,水体自净能力下降;(2)水文条件变化改变了鱼类的栖息环境,使鱼类组成发生明显变化,适应激流生活的鱼类种群数量下降。过去多年来的流域水电梯级开发对流域生态环境和水生生态系统造成不利影响,使得水生生物的生存空间被挤占,河流生境破碎化,珍稀水生野生动植物濒危程度明显加剧。

五、湿地生态系统

重庆全市湿地总面积 27.24 万公顷,包括沼泽草地、内陆滩涂、河流水面、水库水面、坑塘水面、沟渠 6 类。全市湿地最具特色和魅力的有三峡库区消落带湿地、中山和亚高山喀斯特湿地等。三峡库区消落带湿地面积达 348.93 平方千米，涉及巫山、巫溪、奉节、云阳、开州、万州等 22 个区县。中山和亚高山喀斯特湿地总面积达 200 平方千米，主要分布在渝东北城口县九重山、巫溪县红池坝、巫山县五里坡、开州区雪宝山和渝东南丰都县的南天湖、武隆区白马山以及南川区金佛山等区域。重庆的许多河流、溪流发源于周边山地，在河溪源头区域形成独具特色的溪源湿地。

据初步统计，重庆湿地中有高等维管植物 84 科 236 属 377 种，野生动物 70 科 215 属 404 种。濒危的湿地植物有水杉（*Metasequoia glyptostroboides*）、野菱（*Trapa incisa*）、浮叶慈姑（*Sagittaria natans*）等，重要的湿地动物有胭脂鱼、大鲵、巫山北鲵等。

六、喀斯特生态系统

全市喀斯特地貌分布广泛，主要分布在渝东南的武隆区、彭水县、黔江区、酉阳县、秀山县以及渝东北的城口县、开州区、巫溪县、巫山县、奉节县等地。虽然重庆的喀斯特生态系统分布与上述五种生态系统都有重叠，但因其喀斯特地貌类型多样，动植物种类丰富，濒危特有物种多，生境异常脆弱，一旦石漠化就很难恢复。

在所有这些喀斯特地区中，尤以作为世界自然遗产地的武隆区最引人注目，其喀斯特生态系统类型独特，物种丰富。调查表明，该区域内有维管植物 558 种，其中蕨类植物 56 种、裸子植物 12 种、被子植物 490 种；有动物 235 种，其中兽类 47 种、鸟类 108 种、两栖爬行类 19 种、鱼类 61 种。特有的天坑洞穴生态系统，由于人类难以到达、研究极少，许多动植物尚不为人知。此外，在南川区金佛山的山王坪等地分布有典型的喀斯特半湿润常绿阔叶林。

七、农业生态系统

重庆市农业生态系统面积约3.5万平方千米,占辖区面积的36%以上,可分为三大区域,即渝西方山丘陵农业生态系统、三峡库区山地农业生态系统以及渝东南喀斯特山地农业生态系统。全市农业栽培植物和家养动物遗传多样性丰富,多种传统的养殖模式颇具特色,例如稻—麦、水稻—油菜、玉米—红薯—小麦、果—蔬间作等和多年来推行的鸭—鱼混养、蚕—鱼—桑及稻—鱼—林—鸟共生型湿地农业等。

八、城镇生态系统

重庆是我国重要的中心城市,也是成渝地区双城经济圈的核心城市之一,包括主城中心城区(即原来的都市区主城九区,面积5 473平方千米)和主城新区,以及渝东北三峡库区城镇群、渝东南武陵山区城镇群。主城中心城区是典型的山水城市,生物多样性较为丰富。在主城中心城区范围内,四条山脉纵贯城区,长江和嘉陵江在此交汇。主城中心城区有长江上游珍稀特有鱼类国家级自然保护区和缙云山常绿阔叶林国家级自然保护区,以及圣灯山、华蓥山等市级自然保护区,还有若干国家森林公园、湿地公园、风景名胜区。此外,主城中心城区拥有独特的崖壁生态系统。

第三节　长江上游重要生态屏障市域重要生态功能区及功能

在长江上游重要生态屏障中,重庆市域内重要生态功能区主要包括秦巴山区生物多样性、三峡库区水土保持、武陵山区生物多样性与水土保持重要生态功能区等。

一、秦巴山区生物多样性保护重要生态功能区

（一）基本情况

该区域位于重庆市最北端，大巴山南麓，东界陕西省平利县、镇坪县，西靠四川省万源市，南接奉节县，东南接巫山县，北邻陕西省岚皋县、镇坪县，包括城口县、巫溪县、开州区北部山区，面积 8 550.5 平方千米，占全市总面积的 10.39%。本区地处大巴山弧褶皱带，地质构造多复式背（向）斜和穹隆构造，岩层倾角多为 50°~70°，属扬子地台北象坳陷褶皱东及四川中坳陷区。区内出露地层包括自震旦系以来除泥盆、石炭、白垩系外的各时代沉积岩层。由西北向东南走向的大巴山脉，海拔多在 2 000 米以上，地貌以中、低山为主。该区域亚高山面积为 1 558.36 平方千米，占全域面积的 21.28%；中山面积 4 117.21 平方千米，占 56.23%；低山面积 1 627.03 平方千米，占 22.22%[①]；中低山所占比例高达 78.45%。该区域属北亚热带季风气候，多年平均温度 13.8 ℃，年降雨量 1 200~1 600 毫米，山地气候垂直分异明显，低山、中山、亚高山气候迥异。因降雨量丰富、森林生态系统水源涵养功能强，河流发育，主要水系包括大宁河水系和汉江水系，水资源丰富。多年平均地表水资源量 7 561 亿立方米，多年平均过境水资源量 0.16亿立方米，多年人均水资源量 1 875.34 立方米，在所有生态功能区中最高。该区域主要土壤类型有紫色土、黄壤、石灰土、黄棕壤、水稻土、潮土等。非地带性土壤主要有紫色土、石灰土、粗骨土。海拔 1 300 米以下主要为黄壤，镶嵌分布有水稻土、潮土、紫色土和石灰岩土；海拔 1 300~2 100 米为黄棕壤；海拔 2 100米以上为棕壤、草甸土。

该区域植物区系组成属泛北极植物区、中国—日本森林植物亚区，是中国—日本森林植物区系的核心部分，保存了不同地质年代的植物，珍稀特有植物丰富，生物多样性较高，是中国 17 个生物多样性关键区域之一——秦巴山地

---

① 本文数据默认保留两位小数，四舍五入后总和可能不等于100%。

生物多样性关键区域的重要组成部分。在我国植被区划中,属中国亚热带常绿阔叶林区、川东盆地及西南山地常绿阔叶林地带,主要植被类型有常绿阔叶林、针叶林、针阔叶混交林、阔叶杂木林、灌木林、山地灌丛草甸、河溪边岸草甸、农田植被等。该区域有维管植物 3 600 余种,隶属 210 科、1 300 余属。维管植物中有 44 种属于《中国植物红皮书》和第一批国家重点保护野生植物名录,156 种列入《国家重点保护野生植物名录》中,44 种列入《国家重点保护野生植物名录》。按不重复统计,该区域共有重点保护植物 197 种,其中国家一级保护植物有崖柏、珙桐、光叶珙桐、红豆杉、南方红豆杉、银杏和独叶草等 7 种;国家二级保护植物有篦子三尖杉、秦岭冷杉、大果青扦、巴山榧、鹅掌楸、连香树、水青树、黄连等 191 种。区域内野生兰科植物丰富,多达 112 种;蕴藏着十分丰富的药用植物资源,多达 2 000 种,是地道药材的主要产地,不少传统药材,如太白贝母、川党参、川黄檗、川大黄、黄连、细辛、天麻等久负盛名。独特的地形地貌、优越的自然条件以及丰富的森林资源,为野生动物提供了良好的栖息环境,孕育了丰富的野生动物资源。区域内现有兽类 9 目 23 科 53 属 65 种;鸟类 14 目 35 科 106 属 200 余种;两栖类 2 目 4 科 10 属 12 种;爬行类 2 目 6 科 12 属 18 种;鱼类 12 科 100 余种。国家一级保护动物有金丝猴、林麝、金雕等,国家二级保护动物有斑羚、白冠长尾雉、红腹角雉、大鲵、中华虎凤蝶等 35 种。

(二)生态功能

作为典型的山地生态系统,区域内常绿阔叶林、常绿-落叶阔叶混交林、落叶阔叶林、灌木林和山地草甸形成良好的林灌草生态系统,森林覆盖率较高,生物多样性丰富。该区域的生态功能以生物多样性保护和水源涵养为主;辅助功能有水土保持、气候调节和地质灾害防治。本区域自然生态系统服务功能价值较高,既是秦巴山区和三峡水库的重要生态屏障,也是区域的重要生态载体。

区域内水资源丰富,任河为汉江源头之一,大宁河直接注入三峡水库腹心地带,是全国优质水资源战略储备库。生态区位优势在于该区域内具有多样的生物资源和独特的景观资源,为发展多样化生态产业打下了坚实的基础,对维持长江三峡水库生态安全,维持秦巴山区生态支持系统具有重要的生态战略地位。但本区山地地势较为陡峭,容易发生水土流失,也是重要的生态敏感区和生态脆弱区,是必须加以重点保护的区域。

二、三峡库区水土保持重要生态功能区

(一)基本情况

该区域位于重庆市东北部,地处三峡库区腹心地带,包括巫山、奉节、云阳、开州(除去北部山区)、万州、忠县、梁平、垫江、长寿、涪陵、石柱(沿长江的乡镇)、丰都(除去南部的南天湖所在的乡镇)12个区县,面积28 996.3平方千米,占全市辖区面积的35.25%(邓伟等,2015)。

该区域所处大地构造单元为扬子准地台,奉节安坪镇以东以碳酸盐岩为主,以西以碎屑岩为主,松散岩类分布于江河谷地及部分平坝区。地形地貌受地质构造控制,地势东部高、中西部低,层状地貌明显,逐级向长江河谷倾降;中西部为北东—南西向条形背斜低山与向斜丘陵台地相间排列;平均海拔453～974米,以低山和丘陵为主,分别占本区面积的46.6%和34.5%,中山和亚高山分别占12.9%和1.2%,台地和平坝仅占5.02%。区域内年均气温14～18 ℃,降雨量1 200～1 400毫米,大于0 ℃积温5 200～6 500 ℃,日照时数1 100～1 500小时,无霜期220天以上。土壤以紫色土、石灰土、黄壤为主,紫色土主要分布于海拔1 200米以下平行岭谷及丘陵台地,石灰土主要分布于东部石灰岩分布区,黄壤主要分布在长江干支流阶地和低中山植被较好地区。多年平均地表水资源量184.86亿立方米,过境水资源量4 134亿立方米,可利用水资源量863.64亿立方米,人均水资源量1.095万立方米。

(二)生态功能

长江上游地区是长江流域的重要生态屏障,而三峡库区则是长江上游重要生态屏障的咽喉。该区域位于三峡库区腹心地带,是国家最重要的三峡水库特殊生

态功能保护区的核心区。首位生态服务功能是三峡水库生态屏障,主导生态服务功能包括水源涵养、水质安全保障、生物多样性保护、洪水调蓄、土壤保持等。

该区域沿主要江河两侧及源头为水源涵养极重要地区;沿三峡水库长江干流及主要支流的水域、消落带区域及沿河两侧第一层山脊线以内为水质安全保障的重要区。在生物多样性保护功能方面,巫山、奉节为极重要区,其余地区为比较重要区。区域内大部分为土壤保持极重要区,梁平为土壤保持中等重要区,垫江为土壤保持较重要区。沿长江干流两侧为营养物质保持极重要区,丰都、忠县、万州、梁平为营养物质保持极重要区,云阳、巫山属营养物质保持中等重要区,奉节为营养物质保持比较重要区。

三、武陵山山地生物多样性保护重要生态功能区

(一)基本情况

该区域位于重庆市东南,地处渝、鄂接合部,方斗山、七曜山横贯全境,包括黔江、秀山、酉阳、彭水、武隆、石柱(除去沿长江的乡镇)、丰都(南部的南天湖所在的乡镇),面积20 542.0 平方千米,占全市总面积的24.97%。

该区域大地构造复杂,属中高山过渡地带,山高坡陡,沟壑纵横,地形破碎。地貌类型由于受构造成因的影响,大致分为丘陵系列和低中山系列。丘陵系列由于河床下切和构造运动的间歇性抬升,演变为阶地,海拔在500 米以下;低中山系列因受构造线控制,为一系列褶皱山系构成。方斗山以北背斜呈条状山脉,方斗山以南为七曜山。地貌属中低山区,地形复杂,形态多样,山峦起伏,岭谷相间,海拔相对高差500~1 000 米。中低山面积占辖区面积的52.36%,石灰岩广泛分布,岩溶地貌特点明显。属中亚热带湿润季风气候区,温暖湿润,具有春早夏长,常有伏旱、秋雨连绵、冬季多雾、无霜期长等自然特点。年均气温18.7 ℃,年均降雨量1 071 毫米。河流发育属长江—乌江水系,境内流域面积大于50 平方千米的河流有阿蓬江、郁江等15 条河流,水资源丰富,年平均地表水资源量44.98 亿立方米,多年平均过境水资源量484.09 亿立方米,多年人均水资源量

15 782.47 立方米,可利用水资源量为 132.27 立方米,为重庆市水资源较为丰富的地区。土壤以紫色土、石灰土、水稻土、黄壤、黄棕壤等为主。紫色土分布在低山、丘陵区。黄壤主要分布在海拔 1 500 米以下的中山、低山区。森林覆盖率较高,生物物种丰富,植被类型多样,地带性植被为亚热带常绿阔叶林。区域内有维管植物 194 科 919 属 2 182 种。有银杏、水杉、红豆杉、南方红豆杉、珙桐等国家一级保护植物,有国家二级保护植物 46 种。丰富的自然环境为动物栖息提供了良好的环境,有 5 种国家一级保护动物、37 种国家二级保护动物。区域内矿产资源有煤、铅锌矿、锑矿、赤铁矿、大理石、石灰石、重晶石等,其中煤和石灰石开采价值较大。

该区域自然景观优美,境内岩溶景观举世闻名。其中,武隆区喀斯特景观已入选世界自然遗产——中国南方喀斯特,自然风光与人文景观俱佳。此外,还有黔江小南海地震遗迹、石钟山、仰头山巨佛、神龟峡、官渡峡等。

(二)生态功能

该区域为典型的山地生态系统,区内常绿阔叶林、常绿-落叶阔叶混交林、落叶阔叶林、灌木林和山地草甸形成良好的林灌草生态系统,森林覆盖率较高,生物多样性较为丰富。该区域的主导生态功能为生物多样性保护和水文调蓄,辅助功能有水土保持、石漠化防治和地质灾害防治。

该区域地处低纬度和具有以石灰岩为主的复杂多样地形的渝东—鄂西地区,是全球著名的"生物避难所",也是中国三大特有现象之一的"渝东—鄂西特有现象中心",聚集了不少形态上原始、分类上孤立的古老孑遗和我国特有的珍稀动植物种类,生物多样性丰富,是中国生物多样性保护的关键地区之一,具有极为重要的生物安全战略意义。

西南武陵山区属生物多样性保护与水源涵养国家重点生态功能区,是世界自然基金会(WWF)确定的中国 17 个生物多样性关键区域之一,也是全国生物多样性保护优先区。丰富的生物多样性和独特的景观是该区域内的重要资源,也是发展多样化生态产业的重要基础。

4

重庆市生态屏障建设的基本现状

第一节　自然环境概况

一、地理位置

重庆市地处青藏高原和长江中游平原的过渡地带,是中国东部和西部的接合部,也是长江三峡库区和四川盆地东南缘的接合部。地跨东经105°17′~110°11′,北纬28°11′~32°13′,东西长470千米,南北宽450千米,辖区面积8.24万平方千米。东部与湖北省和湖南省接壤,南与贵州省接壤,西与四川省的泸州市、内江市和遂宁市相连,北与四川省的广安市、达州市以及陕西省接壤。

二、地质与地貌

重庆市域内绝大部分属扬子准地台一级构造单元,极少部分属秦岭地槽褶皱系。区域内横跨4个二级构造单元,即四川台坳、上扬子台坳、龙门山—大巴山台缘坳陷和北大巴山冒地槽褶皱系。区域内涉及多个三级构造单元,即川东陷褶束和川中台拱的局部、川东南陷褶束、大巴山褶皱束,以及北大巴山冒地槽褶皱系的南缘局部等。

重庆位于大巴山断褶带、川东褶皱带、川湘黔隆起带等三个主要构造单元的交会区,盆周的中低山带由大巴山、巫山、武陵山和大娄山组成,中北部是平行岭谷区,西部是川中丘陵。该地区的地形受地质构造的显著制约,由背斜造山,向斜成谷,其走向与构造线大体吻合,西部多为低山丘陵,东部则渐趋平缓,为低山、中山地貌。全市地形起伏较大,西部海拔高程为500~900米,东部海拔高程为1 000~2 500米。

三、气候与土壤

重庆位于中纬度地区,是典型的亚热带季风性气候区,冬季温暖,春季早,夏季炎热、干旱,秋季多雨、多湿、多云。年平均温度 14.8~18.7 ℃,10 ℃积温 4 200~6 200 ℃,无霜期 280~350 天。重庆地区山地区域构成了具有鲜明立体特征的气候带谱。年平均降水量 1 038~1 186 毫米,降水量分布极不均匀,多在夏季出现,约占全年降水量的四成以上。

重庆市土壤有 8 大类,包括水稻土、新积土、紫色土、黄壤、黄棕壤、石灰(岩)土、红壤、山地草甸土,共 16 个亚类。黄壤是重庆地带性土壤,占地面积最大,面积约为全市总面积的 24.2%;其次是紫色土,占全市耕地面积的 20.8%;主要耕作土壤是水稻土,面积占全市耕地面积的 42.8%,占总土地面积的 13.3%;石灰(岩)土分为两类,分别为黄石土和黑钙土,占总土地面积的 9%。

四、河流水文

重庆市境内江河纵横,主要河流有长江、嘉陵江、乌江、涪江、渠江、綦江、御临河、龙溪河、濑溪河、芙蓉江、安居河、大宁河、小江、任河等。长江干流自西南向东北横穿全境,在境内与南北向的嘉陵江、渠江、涪江、乌江、大宁河等 5 大支流及上百条中小河流,形成向心、不对称网状水系。全市有 31 条过境河流,年平均进水 3 981 亿立方米。其中,流域面积在 50 平方千米以上的河流 374 条,100 平方千米以上的有 207 条,1 000 平方千米以上的有 40 条。

第二节　生态资源现状

一、生物资源

重庆位于长江上游、三峡库区腹心区域,地跨青藏高原与长江中下游的过渡地带,地势由南北向长江河谷逐渐降低,属中亚热带湿润季风气候,雨热同季,热量充足,降水丰沛,复杂的地形、多样的地貌、温和的气候及纵横的河流造就了重庆丰富的生物资源,是生物多样性较为富集的地区,也是全球生物多样性关键地区之一。市内分布有阔叶林、针叶林、针阔叶混交林、竹林、灌丛、草丛等丰富的植被类型,亚热带常绿阔叶林是地带性植被。全市有植物343科1 770属6 950种,其中被子植物5 236种、裸子植物81种、蕨类植物712种、苔藓植物404种、地衣植物25种、藻类植物492种;国家一级重点保护野生植物有崖柏、银杉、红豆杉、银杏、水杉、珙桐等,国家二级重点保护野生植物有楠木、鹅掌楸、连香树、金毛狗等。重庆动物种类繁多,全市有动物16纲89目390科2 693种,陆生脊椎动物800余种,其中哺乳动物135种、鸟类344种、爬行动物57种、两栖动物50种、鱼类203种;国家一级重点保护陆生野生动物有黑叶猴、林麝、中华秋沙鸭、大灵猫、小灵猫、金雕等;国家二级重点保护陆生野生动物有猕猴、黑熊、豹猫、红腹锦鸡、凤头蜂鹰等。

二、生物多样性特点及关键区域

(一)生物多样性特点

1.区系成分复杂,起源古老,物种丰富

重庆地处东西南北交会地带,陡峻的山地和复杂多变的自然环境使这里成为第四纪冰川期时生物的优良避难地,由此使得重庆的动植物区系成分复杂、

物种丰富、起源古老,特有性强。

从植物区系来看,重庆处于中国—日本森林植物亚区与中国—喜马拉雅森林植物亚区的交接带,具有中国全部 15 个种子植物地理成分。从动物区系来看,处于古北界动物区系向东洋界动物区系过渡带范围内,并为高原脊椎动物向平原脊椎动物的过渡区,具有上述各动物区系的组成成分。

重庆有第三纪和第三纪以前出现的蕨类植物石松,裸子植物云杉、油杉、冷杉、铁杉,被子植物水青树科、伯乐树科等。被子植物中有形态原始的古老代表类型如木兰科、连香树科、领春木科、毛茛科等。连香树与领春木是无花被的类型,具有很原始的无导管的木材结构;胡桃、桑、木兰、樟等形态上原始的类型丰富,这些都是重庆区系起源古老的重要特征。另外,在重庆地区所形成的特有科、属表现了植物的孑遗状态,也表明了重庆市维管植物区系性质的古老性和残遗性。

2.生态系统类型繁多、生态结构复杂

重庆北部为大巴山、东部为巫山、东南为武陵山脉、南部为大娄山,地貌以丘陵和山地为主,同时也发育了一些具有代表性的石林、峰林、峰丛、溶洞和峡谷等喀斯特地貌。

境内多条河流纵横交错,长江由西往东贯穿,嘉陵江从西北方向流入长江。长江干流重庆段汇集了嘉陵江、渠江、涪江、乌江、龙河、澎溪河、大宁河等主要次级河流及众多的支流河溪,加上长寿湖、大洪湖、小南海、龙水湖等湖泊,形成了复杂的水系网络。此外,重庆属亚热带季风性湿润气候,夏热冬暖,湿润多阴,气温高,雨季长,霜雪少,阴天多,湿度大。复杂的地形地貌、纵横交织的水网、湿润的气候和良好的水热条件,使重庆的生态系统类型繁多、结构复杂、生境类型多样,孕育了丰富的生物多样性。

3.遗传资源极为丰富

重庆地处四川盆地,农耕文明历史悠久,加之野生动植物资源丰富,因此农作物品种、栽培果树种及品种,以及猪、鸡、鸭、鹅、黄牛、水牛、山羊、兔、蜂等畜

禽家养动物种类极为丰富。此外,药用植物和野生观赏植物资源也非常丰富。

（二）生物多样性关键区域

根据自然环境状况、生物多样性的特点、保护与利用的方向等,可以把全市划分为5个生物多样性保护的优先关键区域:

1.大巴山常绿阔叶落叶林生物多样性关键区域

该区域具有亚高山草甸等类型多样的生态系统和丰富的生物多样性,拥有川金丝猴、林麝、崖柏、秦岭冷杉等珍稀濒危动植物资源。区域内有大巴山国家级自然保护区、雪宝山国家级自然保护区、阴条岭国家级自然保护区、五里坡国家级自然保护区等自然保护地。作为中国生物多样性关键区域之一,该区是重庆市稀有的亚高山草甸集中分布区,拥有众多珍稀濒危特有动植物,是重庆市生物多样性保护的重点。

2.金佛山常绿阔叶林生物多样性关键区域

该区域地处云贵高原向四川盆地的过渡地带,为典型的喀斯特地貌区,拥有地带性常绿阔叶林等自然植被和黑叶猴、豹、云豹、金佛山兰、银杉、红豆杉、珙桐等珍稀濒危特有动植物。目前,该区域已建成金佛山国家级自然保护区、黑山自然保护区,其中金佛山国家级自然保护区被誉为中国南方基因库。

3.四面山常绿阔叶林生物多样性关键区域

该区域地处云贵高原向四川盆地过渡的地带,生物多样性丰富,拥有地带性常绿阔叶林等自然植被和白鹇、阳彩臂金龟、红豆杉、珙桐、福建柏等珍稀濒危特有动植物。目前,该区域已建成四面山市级自然保护区、万隆自然保护区、老瀛山自然保护区、长田自然保护区、滚子坪自然保护区。四面山市级自然保护区与四川省合江县、贵州省习水县的原生常绿阔叶林连成大片,受人为干扰较小的连续自然生境面积大,蕴含着极其多样的动植物物种资源。

4.方斗山—七曜山常绿阔叶林、亚高山草甸生物多样性关键区域

该区域位于渝鄂湘三省（市）交界地带,以山地地貌为主,喀斯特特色显著,具有丰富的物种多样性和多样化的生态系统,包括亚热带常绿阔叶林和亚高原草甸等植被,拥有豹、云豹、黑叶猴、猕猴、水杉、珙桐、银杉、南方红豆杉等珍稀濒危特有动植物。目前,该区域已建成武隆白马山市级自然保护区、大风堡市级自然保护区、七曜山自然保护区等。

5.长江干支流湿地与河流生物多样性区域

该区域主要由长江干、支流及其消落带构成,还有湖库生态系统和河流生态系统,具有十分丰富的湿地与河溪物种,其中以我国西南山区的冷水性溪流物种最具代表性。目前,该区域已建立的水生生物类自然保护区和湿地自然保护区有长江上游珍稀特有鱼类国家级自然保护区、合川大口鲶县级自然保护区、开州区澎溪河湿地市级自然保护区等。流域内各类规模的水利水电开发,使该地区的水生生物多样性受到影响。

(三)自然保护地

重庆市坚持生态优先、绿色发展理念,加快建立自然保护地管理体系,统筹山水林田湖草沙综合治理,持续开展生态环境保护与恢复项目,加大力度保护生物多样性,强化珍稀濒危野生动植物保护管理,全市野生动植物栖息地得到有效保护,珍稀濒危野生动植物种群实现恢复增长,生物多样性保护成效明显。全市共设立各级各类自然保护地218个,其中自然保护区58个、风景名胜区36个、地质公园10个、森林公园83个、湿地公园26个、世界自然遗产地3个,总面积约126.9万公顷,占全市辖区面积的15.4%,对90%的珍稀濒危特有野生动物和90%的亚热带常绿阔叶林进行了有效保护。

第三节　重点生态功能区划分

围绕确保全国和市域生态安全的整体目标,根据水源涵养、土壤保持、生物多样性保护、洪水调蓄四大主要生态调节功能,可以划分出五大重点生态功能区。

一、三峡库区水源涵养重要区

该区域位于重庆市东北部,地处三峡库区腹心地带,包括巫山、奉节、云阳、开州(除去北部山区)、万州、忠县、梁平、垫江、长寿、涪陵、石柱(沿长江的乡镇)、丰都(除去南部的南天湖所在的乡镇)12个区县,面积28 996.3平方千米,占全市总面积的35.25%。三峡库区是国家最重要的三峡水库特殊生态功能保护区的核心区,其主导生态服务功能有:水源涵养、水质安全保障、生物多样性保护、洪水调蓄、土壤保持。

二、秦巴山地水源涵养重要区

该区域位于重庆市最北端,大巴山南麓,西靠四川省万源市,南接奉节县,东南接巫山县,北邻陕西省岚皋县、镇坪县,包括城口县、巫溪县、开州北部山区,面积8 550.5平方千米,占全市总面积的10.39%。该区域是典型的山地生态系统,区内常绿阔叶林、常绿落叶阔叶混交林、落叶阔叶林、灌木林和山地草甸形成了良好的林灌草生态系统,森林覆盖率较高,生物多样性丰富。该区的主导生态服务功能有生物多样性保护和水源涵养,辅助生态服务功能有水土保持、气候调节和地质灾害防治。

三、武陵山山地生物多样性保护重要区

该区域位于重庆市东南,地处渝、鄂接合部,方斗山、七曜山横贯本区,包括黔江、秀山、酉阳、彭水、武隆、石柱(除去沿长江的乡镇)、丰都(南部的南天湖所在的乡镇),面积20 542.0平方千米,占全市总面积的24.97%。该区域是典型的山地生态系统,区内常绿阔叶林、常绿落叶阔叶混交林、落叶阔叶林、灌木林和山地草甸形成良好的林灌草生态系统,森林覆盖率较高,生物多样性较为丰富。该区的主导生态服务功能为生物多样性保护和水文调蓄,辅助生态服务功

能有水土保持、石漠化预防和地质灾害防治。

四、金佛山生物多样性保护重要区

该区域位于重庆市南部,包括南川区南部山区(包括所有南部的乡镇),面积 1 372.3 平方千米,占全市总面积的 1.67%。金佛山是中亚热带常绿阔叶林森林植被保存最为完整,物种多样性最为丰富的区域之一。生物多样性保护是该区的主导生态服务功能。

五、都市区"四山"生态屏障重要区

该区域位于重庆都市区自北向南纵贯的"四山"(明月山、铜锣山、中梁山、缙云山),包括按照都市区"四山"管制规划所确定的范围,面积为 2 376.2 平方千米,占全市总面积的 2.89%,涉及北碚区、沙坪坝区、九龙坡区、大渡口区、渝北区、江北区、南岸区、巴南区、长寿区、合川区、江津区、璧山区、梁平区、垫江县14 个区县 118 个街道(镇、乡)。

明月山、铜锣山、中梁山、缙云山地区,是重庆都市区内森林覆盖率最高的区域,成为独具特色的城市绿色背景,因其在高度上平均高出城区 300 米的绝对优势,成为人们俯瞰山城美景、登高揽胜的天然观景台。此外,明月山、铜锣山、中梁山、缙云山地区以森林为主体的生态系统发挥着重要的保持水土、涵养水源、净化空气、调节气候和抗御自然灾害、减低城市热岛效应等功能,被誉为"都市绿肺"。

该区是都市区重要的绿色生态空间,对维护城市生态安全至关重要。该区的主导生态服务功能为都市区生态屏障功能,辅助生态服务功能为水质安全保障、环境污染控制、环境美化和城市生态保护。

第四节　生态屏障建设取得的成就

重庆市按照习近平总书记提出的"生态优先、绿色发展""共抓大保护、不搞大开发"的重要理念和筑牢长江上游重要生态屏障、加快建设山清水秀美丽之地及在长江经济带绿色发展中发挥示范作用的重要指示精神,精心谋划、高位推动,挂图作战、合力攻坚,全面推动习近平生态文明思想在重庆大地上落地生根,全市生态环境质量得到持续提高。

2023 年,全市继续大力实施国土绿化行动,推进"两岸青山·千里林带"建设,森林质量和国土绿化水平进一步提升。全市自然保护区数量为 58 个,其中,国家级自然保护区 7 个。完成营造林面积 33.53 万公顷,森林覆盖率达到55.06%。全市建成区绿化面积约 75 488 公顷,绿化覆盖面积约 81 457 公顷,全市建成区绿化覆盖率为 44.47%,人均公园面积达 16.35 平方千米。完成国家山水林田湖草生态保护修复工程试点,治理水土流失面积 2 133.41 平方千米,水土保持及生态功能持续提升。通过加大生物多样性保护力度,90% 以上的珍稀濒危野生动植物得到积极保护。

水资源保护进一步强化,水环境质量持续提高,长江干流重庆段水质为优。2023 年,全市地表水总体水质为优。74 个国控考核断面水质优良比例为 100%,高于国家考核目标 2.7 个百分点,创"十四五"以来最佳水平。地下水环境质量稳定;城市集中式饮用水水源地水质达标率为 100%。

大气环境质量结构更优,空气质量稳中向好。2023 年,全市全年空气质量优良天数为 325 天,臭氧超标天数(8 天)为近 10 年来最低天数,连续 6 年无重污染天气。其中,全年空气质量为优和良的天数分别为 121 天和 204 天,全年无重度及以上污染天数,蓝天白云已成为常态。

近年来,全市深入打好污染防治攻坚战,坚持精准、科学、依法治污,持续加强大气、水、土壤等重点环境问题治理,环境污染防治工作取得积极成效。2023

年成都大运会期间,重庆市臭氧和细颗粒物浓度分别同比下降13%和6%,优良天数比率为100%。城市生活污水集中处理率超过98%,长江干流重庆段水质连续多年保持为优。同时,深化全域"无废城市"建设,建立覆盖全市的生活垃圾无害化处理体系,生活垃圾"日产日清",无害化处理率持续保持100%,中心城区实现"原生生活垃圾零填埋、全焚烧"。

随着环境污染防治工作的扎实推进,公众对生态环境的满意度也逐年提升,2023年全市生态环境质量满意度为94.44%,近5年提升12个百分点,体现了公众对生态环境的获得感、幸福感和安全感显著增强。

第五节　生态屏障建设面临的挑战及原因

一、生态屏障建设面临的现实挑战

(一)全市生态环境质量持续提高难度加大及生态保护修复仍存在短板

全市仍面临着污染治理和生态保护修复的严峻形势,生态环境质量提高从量变到质变的拐点尚未到来,保护修复成效还没有得到稳固。其中,水环境质量"大河好、小河差"的不平衡局面尚未根本扭转,湖库水质提升仍有较大空间,水环境治理尚处在由污染治理向生态修复转变的初级阶段;土壤污染治理和修复任务艰巨;交通污染成为全市大气污染的主要来源之一,臭氧污染日益突出;全市水土流失、石漠化、河流岸线过度开发、城镇开发建设活动挤占生态空间等问题依然存在;城乡环境治理及生态修复注重单一要素,山水林田湖草沙缺乏统筹保护。

(二)大城市、大农村、大山区、大库区的特殊市情使全市生态安全保障面临较大压力

作为生态屏障重要组成部分的渝东北大巴山区、渝东南武陵山区及三峡库

区,生态保护与经济社会发展之间的矛盾较为突出,导致生态安全保障压力大,生态文明建设仍处于压力叠加、负重前行的关键期。

(三)生态环境保护与经济社会发展协同推进的难度增大

全市区域、城乡发展不平衡,渝东北、渝东南大多数区县仍然处于发展阶段,统筹区域生态环境保护与经济社会可持续发展难度较大。目前,全市能源结构以煤为主、运输结构以公路为主的状况没有得到根本改变,生态环境保护结构性、根源性、趋势性压力问题仍未得到根本解决,实现碳达峰、碳中和目标任务艰巨。

(四)生态环境治理能力和治理体系仍有很大提升空间

生态环境治理强调运用行政手段且治理主体较为单一。生态环境保护修复的投融资体系、市场交易体系、生态补偿体系等市场化政策机制还不健全。生态环境保护权责边界划分不清等问题仍然存在,跨区域、跨流域、跨部门合作机制仍不健全,基层生态环境监管执法能力不足;社会组织与公众参与制度不够完善;城乡生活污水收集处理、垃圾焚烧等环境基础设施建设仍存在短板;生态环境监测评估等基础制度与能力较为薄弱。

(五)生态屏障建设相关保障及制度建设滞后

相对生态屏障各要素缺乏统筹,政府主导、市场与社会协同保障的生态屏障建设制度尚未完全建立,生态屏障建设的顶层设计与基层创新仍存在脱节现象;生态屏障建设相关的法律制度和政策等尚不健全,难以起到有效保障作用。

二、生态屏障建设面临挑战的原因分析

(一)山地—河流生态系统及其生态制约

山地—河流是全市最为重要的生态系统。山地—河流系统中物质主要从山地向河流单向流动,山区长期的土壤侵蚀使得养分流失严重,土壤贫瘠,保水保土能力降低,形成恶性循环。人类干扰导致植被破坏,导致水土流失,加快了

物质从山地向河流流失的速度,使这一脆弱的生态系统健康和稳定维持存在很大困难。

(二)山原地貌中的巨大地形起伏及其生态制约

重庆市东北部和东南部山高坡陡、地势崎岖,土地贫瘠、耕地较少,陡坡耕地占耕地总面积的一半以上,水土流失和地质灾害等环境问题频发。该类土地在不合理的土地资源利用方式下,容易发生大范围不可逆转的生态破坏。

(三)生态环境脆弱区及其生态问题

重庆位于典型的生态过渡带,长期以来由于人们对该区生态环境脆弱性的认识不到位及不合理开发,使得部分区域植被覆盖率降低。矿产资源的不合理和高强度开发,使得山地生态系统进一步退化。市域生态系统结构的完整性受到破坏,从而影响其生态功能的发挥。

(四)局部区域发展滞后导致生态屏障建设任务加重

生态功能重要的渝东北、渝东南地区的主要问题是发展相对滞后,经济总量小,综合实力弱。一方面,国家对这些重要生态功能区的定位,使得这些地区难以大规模发展冶金、化工等工业门类,而与生态环境和自然资源相适应的生态产业体系尚未发展起来;农村经济占地区生产总值的比重较大,经济基础薄弱。另一方面,由于交通等基础设施落后,致使科技、信息、资金等要素难以聚集,产业难以做大做强,资源优势难以转化为产业优势和经济优势。

上述地区的粗放型增长方式尚未根本改变,资源、环境矛盾比较突出。人才、知识、技术、资金、管理等生产要素相对匮乏,不能满足生态环境保护的需要。如果不能正确处理产业发展与资源环境之间的关系,从根本上转变经济增长方式,减少环境污染和生态破坏,上述区域可持续发展将难以为继。适应秦巴山地生态安全、武陵山区生态安全以及三峡库区生态安全保障需要,对资金投入要求较高,因此仅靠财政投入很难担负起长期保持生态安全的艰巨任务。跨地区横向生态补偿一直没有形成有效机制,从而影响到区域可持续发展。

5

重庆筑牢长江上游重要生态屏障的目标与任务

第一节　指导思想

　　坚持以习近平生态文明思想为指导,深入贯彻山水林田湖草沙生命共同体理念,坚持"两点"定位、"两地""两高"目标,发挥"三个作用"和推动成渝地区双城经济圈建设、打造新时代西部大开发重要战略支点、内陆开放综合枢纽等重要指示要求,坚决贯彻"共抓大保护、不搞大开发"方针,强化"上游意识",担起"上游责任",展现"上游担当",以保障区域生态安全为出发点,以维护并改善区域重要生态功能为目标,在充分认识长江上游重要生态屏障生态系统结构、过程及生态服务功能空间分异规律的基础上,明确国土空间生态管控区,筑牢重要生态屏障。以三峡库区生态保护为重心,以生态保护红线、自然保护地为重点,优化生态安全格局。以保障长江流域生态安全为出发点,以维护并改善长江上游重要生态屏障的生态功能为目标,统筹人与自然和谐发展,以体制创新、政策创新和科技创新为动力,建立政府主导、市场推进、公众参与的生态屏障建设长效机制,强化环境法治,完善监管体制,全面筑牢长江上游重要生态屏障。

第二节　建设目标

一、总体目标

　　以长江上游重要生态屏障建设为重点,合理布局建设一批以水源涵养、土壤保持、洪水调蓄、生物多样性保育为重点的生态屏障功能区,形成完善的生态屏障体系,建立完备的生态屏障建设的相关政策、法规、标准和技术规范体系,使市域内重要生态屏障区的生态退化趋势得到遏制,生态功能得到有效恢复和完善。把修复长江生态环境摆在压倒性位置,推进江河湖库协同治理,提升生态系统质量和稳定性。坚持山水林田湖草沙系统治理,实施一批水源涵养、土壤保持、生物多样性保育重大工程。加强三峡库区水土流失综合治理和消落带治理,加大地质灾害防治力度。全面推行林长制,持续推进"两江四岸"治理、"四山"保护提升,大力实施"两岸青山·千里林带"工程,持续提高全市森林覆盖率。建立以国家公园为主的自然保护地体系,确保自然遗迹、自然景观和生物多样性得到系统性保护。强化实施河湖长制,加强重点河流、湖库生态保护治理。建设山清水秀美丽之地、打造美丽中国先行区,建成人与自然和谐共生的社会主义现代化新重庆。

二、阶段目标

推进长江上游重要生态屏障建设,必须与生态文明建设、长江生态大保护和美丽重庆建设全面有机结合、充分衔接,突出重点、分步推进。具体可划分为两个时期。

近期目标(2024—2027 年)。以生态环境保护和美丽重庆建设重大项目实施为重点,全面启动重要生态屏障建设工程。建设一批水源涵养、土壤保持、洪水调蓄、生物多样性保育重点生态功能区,生态退化趋势得到有效遏制,生态环境质量得到有效提高,生态服务功能不断优化提升,环境质量全面达标,资源得到合理开发利用,生态经济稳步快速发展,产业结构、区域结构和城乡结构进一步优化,生态文明建设取得明显成效。

远期目标(2028—2035 年)。建成完善的长江上游重要生态屏障,全市水源涵养、土壤保持、洪水调蓄、生物多样性保育重点生态功能区得到全面有效保护,实现人与自然和谐共生、区域发展与生态保护双赢,把重庆建设成为具有发达的生态经济、优美的生态环境、宜人的生态人居、繁荣的生态文化的生态乐园,高水平建设美丽重庆。

第三节　总体框架

以重庆市域范围内国家重要生态功能区为核心,全面深入贯彻"山水林田湖草沙"生命共同体理念,根据生态屏障的主要组成要素(山地、森林、草地、水域、湿地、土壤),确定重庆筑牢长江上游重要生态屏障的总体框架(图5.1)。

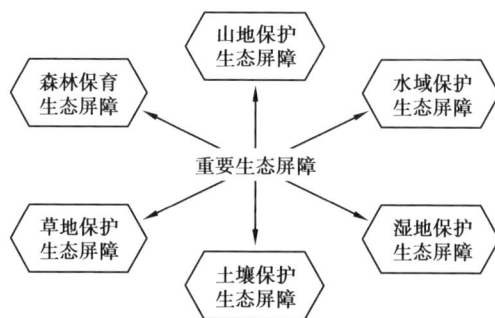

图 5.1　重庆筑牢长江上游重要生态屏障的总体框架

全面创新重庆筑牢长江上游重要生态屏障建设模式,构建"一库"(三峡库区生态屏障)、"一城"(主城城乡生态屏障)、"两屏"(渝东北大巴山生态屏障,渝东南武陵山生态屏障)生态屏障体系。

(1)遵循"山水林田湖草"生命共同体理念,从山地、森林、草地、水域、湿地、土壤生态屏障六方面,全方位构筑长江上游重要生态屏障。

(2)在市域内着力构建长江上游重要生态屏障建设的"一库""一城""南北两屏"空间格局。其中,"一库"指三峡库区生态屏障建设;"一城"即主城城乡生态屏障建设,重点是渝中平行岭谷、渝西方山丘陵、渝南大娄山北缘生态屏障;"南北两屏"是指渝东北大巴山、渝东南武陵山生态屏障。

(3)推进从生态要素角度构建的山地、森林、草地、水域、湿地、土壤生态屏障体系与从空间格局角度形成的"一库""一城""南北两屏"生态屏障体系交相呼应。一方面,通过护山、理水、营林、丰草、保湿、润土,构建全市"山水林田湖草沙"综合生态系统格局；通过生态库区建设（三峡库区）、绿色城区建设（主城区）、山地生态保护修复（渝东北大巴山、渝东南武陵山），形成全市"一库""一城""南北两屏"优良生态空间格局。另一方面，以"一库""一城""南北两屏"建设为重要抓手，构建以大巴山、巫山、武陵山、大娄山、华蓥山为主体，以长江、嘉陵江、乌江及其次级河流为主脉，以重要独立山体、大中型湖库及各类自然保护地为补充的立体化、网络化、复合型生态屏障格局。

第四节　重点任务

系统性贯彻"山水林田湖草沙"生命共同体理念，立足生态系统建设角度，从山地生态屏障、森林生态屏障、草地生态屏障、水域生态屏障、湿地生态屏障、土壤生态屏障六个方面，全方位筑牢长江上游重要生态屏障。

一、山地生态屏障建设重点任务

重庆市辖区面积超过 2/3 是山地，这些山地既是重庆生态环境安全的重要屏障，也是三峡库区乃至长江中下游生态安全的重要屏障。

重庆市地势总体由南北向长江河谷倾斜，自西向东形成渝西方山丘陵、渝中平行岭谷、盆周（渝东北、渝东南）边缘山地，山地面积占全市面积的 76%。山体叠嶂起伏，大巴山系、巫山山系、武陵山系、大娄山系环峙盆周，以华蓥山为主脉的 23 条平行山岭南北贯穿市域中西部，155 座规模以上独立山体和孤立高丘散布市域，地形复杂多样。山地是地球陆地系统中具有显著绝对高度和相对高度的多维立体地貌单元，在地球表层系统中结构复杂，多种生态过程交互作用，生态功能多样。山地系统是森林、草地、河溪及湿地等生态系统复合的综合自然体系和重要的水源涵养区，也是全市生物多样性保存最好的区域以及自然资源富集的主要区域。由于缺乏顶层设计和系统规划，难以对山地生态服务功能进行有效评估。

复杂的山地地形既是立体生态气候形成的基础,孕育生物多样性的摇篮,也是发展多样化生态产业的根基。山地是水、土、大气、生物相互作用的复杂区域,也是全球变化的敏感区和生态脆弱区,容易发生泥石流、滑坡、侵蚀、山洪等自然灾害,特别是其对水土的调控作用直接对中下游产生重要影响。因此,重庆市山地生态屏障建设应主要关注山地森林、水系、山地环境和灾害的管理,气候变化影响下的生态系统服务功能变化及其调控,目标是建立一个生态环境质量良好、健康稳定的山地生态系统(图 5.2)。

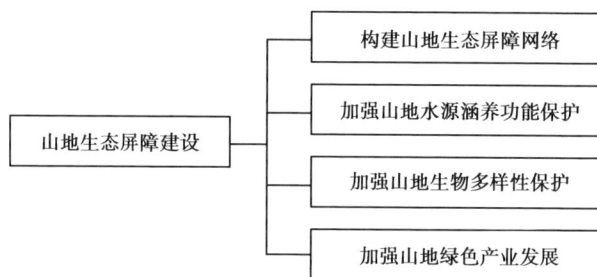

图 5.2　山地生态屏障建设重点任务

(一)构建山地生态屏障网络

构建以大巴山、巫山、武陵山、大娄山、华蓥山为主体的山地生态屏障网络。建设重点山地区域生态屏障,包括大巴山、巫山、武陵山、大娄山组成的生态屏障(含大巴山生物多样性保护与水源涵养重要区、武陵山区生物多样性保护与水源涵养重要区、大娄山区水源涵养与生物多样性保护功能区),联动相邻的四川、贵州、湖北、湖南、陕西等山地区域,形成连片的山体屏障区,真正发挥其在长江上游的土壤保持、水源涵养和生物多样性保护的生态功能。

(二)加强山地水源涵养功能保护

在水源地和水域周围营造水源涵养林,可以有效发挥滞留雨水,增加土壤水分下渗量,减少地表蒸发量,减缓地表径流速度,将其转为可利用的水资源,综合涵养森林水源、调节流量。结合退耕还林还草、荒山造林、封山育林等工程，加强大巴山、巫山、武陵山、大娄山、华蓥山水源涵养区域的涵养林建设。对河流两侧第一层山脊及湖库周边山地，加强水源涵养林建设。

（三）加强山地生物多样性保护

渝东北大巴山区、渝东南武陵山区、渝南大娄山北缘都属于《全国生态功能区划》中划定的生物多样性保护重点生态功能区，是中国生物多样性关键区域的组成部分和全球山地生物多样性热点区域。渝东北大巴山区、渝东南武陵山区、渝南大娄山北缘生物多样性丰富，加强生物多样性保护对生态屏障功能发挥具有重要作用。

（四）加强山地绿色产业发展

山地绿色产业已成为支撑山地区域经济转型发展和高质量发展的重要力量。立足山地特色资源条件，利用丰富的山地自然资源，在市域内的大巴山、巫山、武陵山发展山地生态产业，形成"山地立体产业链"，促进大巴山区、武陵山区实现绿色产业发展与生态屏障建设良性互动。

二、森林生态屏障建设重点任务

森林是生态屏障最为重要的组成部分，在发挥生态屏障功能方面起着主导作用。通过森林生态屏障工程的实施，将重庆生态屏障建设与生态产业基地建设有机结合，既可解决生产发展问题，又可有效涵养水源、控制水土流失、保育生物多样性，保障生态屏障安全。

全市森林生态屏障建设的重要任务是全面推行林长制，持续推进"两江四岸"治理、"四山"保护提升，大力实施"两岸青山·千里林带"工程。科学建立自然保护地体系，确保自然遗迹、自然景观和生物多样性得到系统性保护（图5.3）。

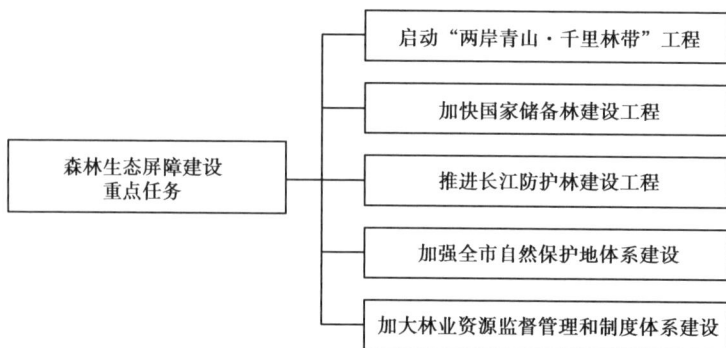

图 5.3　森林生态屏障建设重点任务

(一)启动"两岸青山·千里林带"工程

重庆地处长江上游和三峡库区核心地带,长江等大江大河重庆段两岸水土流失难治理、造林绿化水平低、城乡生态修复困难多、生态屏障功能仍然脆弱等问题突出,加快"两岸青山·千里林带"工程建设,通过对长江重庆段两侧植被进行修复,优化林分林相改造和植被结构,降低土壤侵蚀,使其支持更多生物物种,全面提升三峡库区的生态服务功能。

全面启动"两岸青山·千里林带"重点工程建设。从生态系统整体性和流域系统性出发,"两岸青山·千里林带"规划建设范围为长江干流重庆段(691千米)及三峡库区回水区,嘉陵江、乌江和涪江重庆段两岸第一层山脊线范围以内,或平缓地区江河两岸外 1 000 米左右。按照维护长江生态原真性和完整性的要求,到 2030 年,对森林进行系统性生态保护和恢复,"两岸青山·千里林带"的实施地区,森林覆盖率提高到 60%。对"两岸青山·千里林带"的造林总目标进行分解和执行,加快完成每年 30 万亩的造林任务。

"两岸青山·千里林带"项目涵盖重庆市 28 个乡镇,每个乡镇的地形地貌、经济和社会状况都存在很大差别,因此,必须因地制宜,分类指导,科学布局。《长江重庆段"两岸青山·千里林带"规划建设实施方案》明确提出,根据各区县特征,坚持全市统一规划、分区县实施。在建设上注重森林数量、森林质量和森林效益的综合提升。

分类引导三类城市功能生态屏障:长江三峡和乌江长廊等具有代表性的峡谷型生态屏障类;低山丘陵地区以经济林和森林旅游为代表的低山丘陵产业生态屏障类;城周"四山"保护与提升、广阳岛地区"绿色发展示范"等代表的城镇功能生态屏障类。综合协调国土空间,统筹四带:即高山生态防护带、中山生态产业发展带、滨江景观生态隔离带、消落区固土涵养生态带。

(二)加快国家储备林建设工程

重庆国家储备林工程是长江大保护中的一项重大工程,是长江上游生态廊道建设的关键项目。国家林业和草原局、重庆市人民政府、国家开发银行共同签署了《支持长江大保护 共同推进重庆国家储备林等林业重点领域发展战略合作协议》,在重庆市率先开展 500 万亩的国家级储备林建设项目。重庆国家储备林工程是在绿色发展思想引领下,推进长江经济带发展、建设重庆山清水秀美丽之地的重大举措。国家级储备林建设项目还可通过增加就业和收入,改善生产生活条件,带动产业发展,让项目区的贫困人口受益,达到"百姓富,生态美"的目的。在此基础上,积极探索森林生态效益的市场化补偿机制,鼓励社会资本投入参与储备林建设和生态扶贫项目。

(三)推进长江防护林建设工程

为了更好地保护长江母亲河,1989 年党中央启动长江流域防护林体系建设工程。多年的植树造林取得了较好的成效,已在长江两岸形成了一道保护长江经济带及沿线亿万人口的重要生态屏障。认真贯彻《中华人民共和国长江保护法》,深入落实《长江保护法实施条例》的规定,以"两岸青山·千里林带"建设为依托,加快推进长江防护林建设管理,充分发挥长江防护林保持水土、涵养水源、改善三峡库区生态环境的重要作用,实现长江两岸青山常在,筑牢长江上游重要生态屏障。通过全社会共同努力和持之以恒的建设,将重庆长江流域防护林体系建成为长江流域结构稳定、功能完备的生态屏障。

（四）加强全市自然保护地体系建设

建立以国家公园为主的自然保护地体系,建设全市自然保护地"一张图"和信息化监管系统。完善生态保护红线监管机制,确保生态功能不降低、面积不减少、性质不改变。落实中央生态环境保护督察对涉林问题的整改要求,加速自然保护地的优化整合。统一制定(修订)景区和其他国家重点景区的总体规划和重点工程用地的规划。

（五）加大林业资源监督管理和制度体系建设

加强对林地使用的管理,加强对林业生产的监督,加强对发现问题的调查和整改。加大对森林资源的保护与重建,对森林生态系统进行管理,使自然生态环境得到持续恢复。切实履行森林火灾防治职责,做好森林病虫害防治工作,确保森林资源的安全。全面实施"林长制",根除乱侵占、乱搭建、乱采挖、乱捕食等"四乱"现象。进一步推进林业产权的合理利用和合理的林业产权管理。积极探索和健全生态产品价值实现和生态补偿等方面的体制,推动落实以横向生态补偿为重点的生态补偿机制。

三、草地生态屏障建设重点任务

全市草地资源面积248.2平方千米,以亚高山草甸为主,是我国中低纬度区域面积较大、保存原始的亚高山草甸。全市的亚高山草甸主要分布在大巴山区,包括城口县、巫溪县、巫山县、开州区以及渝南的南川区金佛山;中山草甸主要分布在石柱土家族自治县、武隆区等区域。渝东北大巴山区的亚高山区域,草甸类型主要是亚高山草甸和沼泽化草甸,野生草本植物多样,生物多样性丰富,是宝贵的自然资源。草地生态屏障建设的目标是保护中山、亚高山原生性草甸,修复山地丘陵草山草坡及河谷草甸,实施城乡人居环境中的丰草工程(图5.4)。

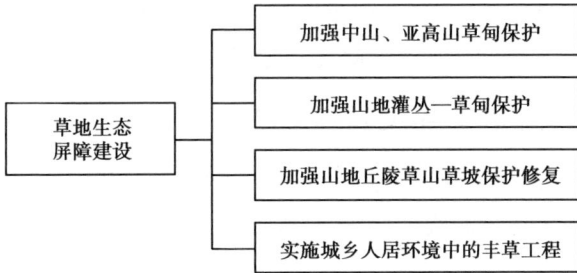

图 5.4　草地生态屏障建设重点任务

（一）加强中山、亚高山草甸保护

亚高山草甸生物资源丰富而珍贵，野生草本植物多样，生物多样性丰富，应科学管理和严格保护这些宝贵资源。优先保护巫山五里坡、巫溪红池坝、城口九重山、神田大草原、黄安坝、开州区雪宝山等区域的亚高山草甸，以及武隆白马山、丰都南天湖等中山草甸。加强对受人为干扰破坏或退化的中山、亚高山草甸生态系统的修复。

（二）加强山地灌丛—草甸保护

灌丛生态系统和草甸生态系统是市域山地生态屏障的组成部分，它们与森林交混分布，形成以森林生态系统为主体的多维山地生态系统，是山地水源涵养和生物多样性保护重要区域。重点加强三峡库区、大巴山区、武陵山区、华蓥山区及大娄山北缘的灌丛—草甸生态系统，保护灌丛—草甸丰富的野生动植物物种。

（三）加强山地丘陵草山草坡保护修复

草地植被作为生态安全屏障的重要组成部分，发挥着不可替代的重要作用。在重庆的山地丘陵区域，草地资源均有分布，在一些退耕及封育的山地丘陵区域形成连片的草山草坡，与森林、湿地等共同构成林—草—湿一体化的生态安全屏障主体，是山水林田湖草沙生命共同体的重要组成部分，具有保持水土、涵养水源、固碳释氧、维护生物多样性等多种功能。因此，应大力推进草山草坡的生态保护及恢复,谋划实施重度退化草地的生态修复、乡村种草绿化示范和河湖库堤岸草带建设等一批重点工程项目。

（四）实施城乡人居环境中的丰草工程

过去,城乡人居环境建设中公共绿地空间和村居环境的植物景观建设忽视了地带性乡土草本植物的应用,乡野气息和代表性特征不突出。应重视草本植物在城乡人居环境建设中的重要作用,通过在城乡人居环境建设中实施丰草工程,在提升城乡人居环境野趣的同时发挥其生物多样性保育、水土保持及面源污染防治功能。

四、水域生态屏障建设重点任务

淡水资源是生态屏障的重要组成部分,水源涵养是长江上游重要生态屏障的主导生态服务功能。因此,全市加强水源涵养的重要任务是要重视水资源保护、河湖库生态系统保护及水生态修复(图5.5)。

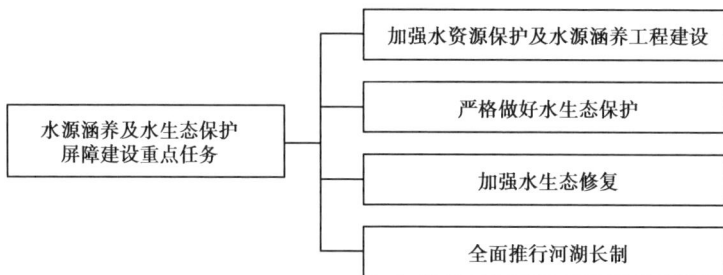

图 5.5　水源涵养及水生态保护屏障建设重点任务

（一）加强水资源保护及水源涵养工程建设

1.落实最严格的水资源管理制度

加强地方政府职责,加强考核、评价、监管,严守水资源开发利用控制红线、用水效率控制红线、水功能区限制纳污红线(王冠军和刘小勇,2019)。实施"用水总量与强度"双重控制措施,遏制不合理新增用水,真正实现"因水定需""因水制宜"。以节约用水为主,综合利用水资源,在缺水地区和生态脆弱地区,坚决控制高耗水建设;加快推进农业、工业和城乡节约用水技术改造,大力控制水资源浪费。加强对水功能区的监管,按照水功能分区的规定对河道内的排污能力进行限定,对污染物进行达标排放,对入河的排污口进行有效监督,对入河湖排污实行严格的管制。

2.划定水源涵养生态保护红线

渝东北秦巴山区、渝东南武陵山区及渝南大娄山区是全市主要的水源涵养区域,通过生态保护红线划定,严格管控,维护水源涵养功能。加大重点流域、区域水源涵养植被建设,按照水环境功能区水质要求,重点加强和维持流域生态环境功能,保障河流水质和饮水安全,以市域主要江河流域综合整治为重点,全面实施水源涵养及水源地保护生态工程。

3.加强水源涵养林建设

在水源地和水域周围营造水源涵养林,可以有效挥发滞留雨水,增加土壤水分下渗量,减少地表蒸发量,减缓地表径流速度,将其转为可利用的水资源,达到综合涵养水源的效果。结合全市退耕还林还草、荒山造林、封山育林等工程,重点加大渝东北秦巴山区、渝东南武陵山区、渝南大娄山区水源涵养区域的涵养林建设。对市内江河湖库两侧第一层山脊及周边山地,加强水源涵养林建设。水源涵养林生态功能等级属于好的林分和生态功能等级属中的近熟林、成熟林、过熟林,其经营管理类型定为管护型;生态功能等级属于中的中幼龄林部分及未成林地,其经营管理类型定为抚育型;生态功能等级属于差的中幼林部分,其经营管理类型定为补植型;生态功能等级属差的近熟林、成熟林及地类为疏林、无林地的,其经营管理类型定为改造型。对补植型地段实行补植、套种,提高密度,改善林分组成和结构;对改造型地段实行用优良速生乡土阔叶树种重新造林,适当引进适宜本地造林的新品种,以提高水源涵养林的功能和效益。

(二)严格做好水生态保护

1.从"三水一体"角度,做好水生态保护工作

树立山水林田湖草沙生命共同体的理念,根据生态系统的整体性原则,从

山上到山下,从地下到地上,从上游到下游,从整体保护、系统修复和综合治理的角度出发,加强生态系统的良性循环,维持生态系统的健康稳定。充分认识流域一体化的重要性,体现"三水"统筹,从水资源、水环境、水生态"三水一体"的角度做好水生态保护工作。

2.建立河湖库生态保护网络

大力实施以长江、嘉陵江、乌江等为主的河流网络生态保护。河流水系生态类型多种多样,水系等级序列明显,要保证河源生态系统地理空间、物理空间、生态空间的连续性,分级、分层次建设河流生态通廊带。根据全市河流水系的现状、生态特点和保护要求,实施基于自然河流的河源生态系统健康维护工程。对市内江河源头区受人为干扰相对较小、自然生态环境质量相对较好的河流,着重进行河流自然生态质量的维护,其目标是自然型河流,保护措施包括以下三个方面:(1)尽量维持既有河道的天然蜿蜒度,避免河道人工槽化或截弯取直,以增加蓄水、滞洪空间及延缓下游洪峰达到时间。(2)营造河川廊道生态系统保育空间,沿河向及河岸两侧缓冲带创造多层次的植被景观,给人们提供休闲游玩的亲水空间及多样性生物群落生存空间。(3)营造多变化的水流状态,创造兼具沉砂池的深水潭及改变缓流淤积的浅滩,提供河川多样性生物群落栖息环境。通过实施以三峡库区为主的河湖库生态保护,建立起全市一体化的河湖库生态网络,成为长江上游重要生态屏障的有机组成部分。确保实现"河畅水清、岸绿景美、鱼翔浅底"目标,通过"一河一策"的实施,治理一条河、提升一座城,带动全域水生态环境改善。

3.加强河湖库岸线管控

加强对河流、湖泊和其他水生态系统的控制。切实贯彻实施岸线的划分规定,加强对沿河湖地区的保护与合理开发。禁止以各类名义侵占河道、圈地造湖、非法采砂,对岸线乱占乱用、多占少用、占而不用等问题进行清理,使河流、湖泊和水库的生态功能得到有效恢复。

（三）加强水生态修复

1.加强长江干流、主要支流水生态修复

开展河流健康评估，推进河流生态修复，恢复河流水系的自然连通。以提高长江重庆段的水生态环境质量为核心，以长江干支流及重点湖库为突破口，统筹山水林田湖草沙系统治理，坚持"两手发力""三水共治""四源齐控""五江共建"，即：坚持污染防治和生态保护"两手发力"；协同推进水污染治理、水生态修复、水资源保护"三水共治"；实施工业、农业、生活、航运污染"四源齐控"；深入推进和谐长江、健康长江、清洁长江、安全长江、优美长江"五江共建"。解决水生态环境的突出问题，确保长江干支流及重要湖库水生态功能逐步恢复，水生态环境质量持续提高。

2.切实加强水污染综合防治

以保护三峡水库水质为重点，加强源头管控，积极推动小流域综合治理、城镇生活污水处理，重点抓好产业污染的防治，推动船舶、乡村等非点源污染治理。重点控制面源污染，采取生态屏障区建设、土地生态功能建设、改造畜禽养殖场、农业废弃物综合利用、测土施肥、植被恢复与水土保持等综合措施，在控源的同时有效发挥生态屏障区、重要支流陆生生态系统对污染物的过滤、吸收和转化作用。保护作为水源地的湖库水质，修复重要支流水体并进行水体控制。通过修复水域栖息地、改善水生生物群落和开展生物多样性保护等手段，提升水生态系统的承载与容量，建立一套有效的修复水生态环境的长效机制。构建三峡库区"截流—治理—分流"的污水处理模式，构建一体化的污水处理系统。结合三峡库区水环境功能区划，以提高水环境质量为核心，实施重点流域的区域总量控制，将排污总量控制在水体达到功能区标准所允许的范围内，保证重点水域水环境质量达到功能要求。

3.加强三峡库区消落区生态环境综合整治

依据消落区地形条件、土壤类型、沿江河城镇与乡村聚落的空间布局，将消落区分为城镇消落、农村消落区以及缓坡型消落区、陡坡型消落区，并将其与

各类型的地质条件、生态环境现状及城镇岸坡保护现状相联系,兼顾地区发展与城镇风貌要求,对其进行分区保护、生态修复、卫生防疫及沿岸环境综合治理等措施。对于保留保护的消落区,通过维护消落区的自然状况,避免人类活动干预,促进其自然发育。以保留保护为主,生态修复先试点后推广,辅以必要的生态工程综合整治措施,加强消落区卫生防疫,以控制、减少人为因素对消落区及水体造成的负面冲击,有效提高消落区生态环境质量。积极开展消落区控源—减污—增汇关键技术集成研究,开发生态友好型利用的综合模式,包括基塘工程、林泽工程等。将基塘工程、林泽工程与循环经济结合起来,既控制消落区碳源、增加碳汇,又达到经济利用的目的,同时兼顾景观效益。

(四)全面推行河湖长制

河湖治理与保护是一个涉及上下游、左右岸、不同行政区域、不同产业的综合性工程。在所有的河流和湖泊中建立起责任明确、协调有序、严格监督、有效保护的河流湖泊治理和保护体系,为保护河湖健康生命和实现河湖功能可持续发展奠定坚实的基础。

全面建成市、区(县)、镇三级河长制。各级"河长"承担管理和保护职责,包括水资源保护、岸线管理、水污染防治、水环境治理等,对侵占河道、围垦、超标排污、非法采砂、破坏航道、电毒炸鱼等突出问题依法进行清理整治,协调解决重大问题。明确流域内各部门的职责,协调上下游及左右岸的联合行动。河长办负责"河长制"的组织和实施工作以及"河长"交办的其他工作。各相关部门和单位根据各自的责任,共同推动河湖治理工作。

五、湿地保护修复重点任务

湿地被誉为"地球之肾"和"生命的摇篮",具有水质净化、生物多样性保育等多样生态服务功能。重庆市湿地类型较为多样,目前共有湿地面积28.39万公顷,生物多样性丰富,有湿地脊椎动物563种、湿地高等植物707种。截至目前,全市有 2 个国家重要湿地、12 个湿地自然保护区、22 个国家湿地公园、4 个市级湿地公园。湿地是重庆市重要的生态基础设施之一,也是生态屏障建设的重要组成部分(图 5.6)。

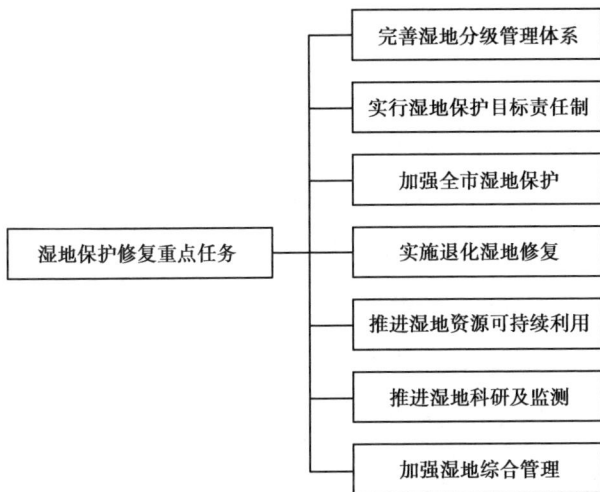

图 5.6　湿地保护修复重点任务

(一)完善湿地分级管理体系

1.建立全市湿地分级管理体系

重庆市地处三峡库区腹心地带,是长江流域重要生态屏障和全国水资源战略储备库,加强湿地生态系统保护具有十分重要的意义。根据湿地的生态区位、生态功能、物种多样性等因素,将市域内的湿地分为国家重要湿地、地方重要湿地和一般湿地三类。加强国家重要湿地的保护,推动出台市级重要湿地名录,建立起全市湿地分级管理体系。

2.完善保护管理体系

重点开展湿地自然保护区、湿地公园和水产种质资源保护区的保护,以及对环境敏感、易受侵害的区域的湿地保护与修复。建立完善市、区(县)、镇(乡)、村四级管护湿地的联动网络,创新湿地保护管理形式。

（二）实行湿地保护目标责任制

1.实行湿地保护总量控制

提出湿地区域控制指标,科学界定市域内的湿地区域,建立相应的分类体系,并将其划分到特定的区域。经批准征收、占用湿地并改变用途的,应当依照"先补后占、占补平衡"的原则。

2.加强湿地的水环境质量保护

建立以水量、水质、土壤和野生动植物为主要内容的湿地生态环境质量评估体系和标准,保证重点河流和湖泊等湿地的水环境质量。

3.制定湿地生态环境保护效果的赏罚制度

认真贯彻落实《中华人民共和国湿地保护法》和《重庆市湿地保护条例》,将保护效果的各项指标如面积、保护率、生态环境状况等,列入全市和区县的生态文明工作的评估体系,并实施有效的奖惩和终身追责制度。

（三）加强全市湿地保护

加强湿地生态系统整体保护,建立完善长江上游（重庆）湿地保护网络体系,大力推进湿地自然保护区和湿地公园建设。

划定湿地红线,落实生态空间,保障长江上游重庆段湿地面积不减少。湿地保护绝不允许越雷池一步,全面实施长江上游重庆段湿地大保护,在长江上游重庆段划定湿地生态红线,为长江流域绿色发展提供资源环境保障。

加强长江上游重庆段关键湿地区保护,关键湿地区主要包括河源湿地、湖泊及亚高山和中山沼泽湿地、三峡水库湿地。

加强湿地生物多样性保护。保护丰富而独特的长江上游重庆段湿地生物多样性;保护长江上游重庆段特殊的河源湿地生境、亚高山和中山沼泽湿地生境等;保护珍稀濒危特有动植物物种,重点是长江上游珍稀特有鱼类。

（四）实施退化湿地修复

重庆湿地保护修复需要创新观念理念,秉持流域整体观,牢固树立"山水林田湖草沙"生命共同体及"山—河—湖—海"流域一体化理念,启动流域湿地整体保护及修复。对近年来的湿地被侵占状况开展摸底调查,通过相应措施恢复湿地面积,如退耕还湿、退养还滩、退化湿地恢复等。

开展湿地保护和修复工程。以自然恢复为主,辅以人为修复,对集中连片、破碎化严重、功能退化严重的天然湿地开展综合治理,重点开展国家级和区域性重点湿地的治理。加强对水利水电工程和挖沙采石等人为活动破坏的河道湿地的生态修复。通过清理污染、恢复地形、保持天然湿地岸线、连通河湖水系、恢复湿地植被、恢复野生动物栖息地、拆除围网、进行生态移民和湿地有害生物控制,逐渐恢复湿地的生态功能,提高湿地的固碳能力,保持湿地生态系统的健康。

加强重点湿地修复。开展一批重点湿地修复工程,主要包括:流域重点生态功能区的湿地保护与恢复工程;长江沿岸湿地建设;长江干流湿地保护与修复;水利设施(以生态服务为主);湿地资源生态友好型利用。

(五)推进湿地资源可持续利用

促进重庆湿地资源的生态友好型利用,大力发展湿地生态产业。深化对湿地资源的认识,推动观念上从单纯注重保护走向"保护—恢复—利用"有机结合。保护是为人类提供生存支撑体系,恢复是为了改善人类生存环境,利用是为了长久可持续发展,也是重庆湿地保护和可持续发展的必然途径。为此,要大力发展综合湿地产业,力争将湿地产业与乡村经济发展、湿地资源保护相融合,发展集乡村湿地农业、湿地花卉苗木产业、湿地生态旅游业和湿地产品加工为一体的湿地生态产业,创建湿地生态产业基地,形成湿地生态保护、湿地资源合理利用和湿地产品发展于一体的湿地生态经济体系。

加强湿地农业的开发利用。借鉴传统农耕时代的生态智慧,发展湿地农业,解决湿地保护与原住民生计的协同共生,实现湿地让原住民减贫致富目标。以重庆渝东南石柱土家族自治县黄水山原的莼菜湿地农业为基础,推进山地湿地农业的发展,加大湿地产品的精深加工,将湿地农业发展、原住民生计与生物多样性保护有机结合。

推动丘区湿地生态经济试验示范区建设。长江上游的川中与渝西、川东北和渝东北有连片分布的、面积广阔的丘陵区域,丘区湿地形态典型。丘区湿地通常是以丘坡、丘顶、丘麓围合丘间水塘、丘间湿洼地、丘间沼泽而成(刘杨靖等,2017),这样的湿地单元典型地重复出现在丘陵区域。丘区湿地是丘陵区域自然结构及功能单元,呈半闭合态,边界相对清晰,是小型汇水单元,在整个流域水土管理中发挥着重要的生态功能,是重要的生态涵养结构。梯田湿地在我国丘陵山区农业地区普遍存在,其上、下部分一般都有水塘,上层水塘向梯田提供水源,具有调节水源的功能;下层水塘在暴雨、洪水的时候滞洪、缓流,同时可以沉降、净化农业耕作中的污染物和营养物。加大力度探索丘区湿地资源综合利用的关键技术,探索丘区湿地资源生态友好型利用的生态智慧模式,形成丘区乡野湿地可持续利用技术体系和模式,最大限度地发挥丘区湿地的各种功能和效益,实现丘区湿地资源的可持续利用。

推进乡村小微湿地保护与乡村小微湿地生态经济发展。整合优化长江上游广阔乡村以塘为核心的“塘、田、沟、渠、堰、井、泉、溪”各要素有机协调的乡村小微湿地群。以小微湿地助力乡村绿色发展,推广“小微湿地+生态产业”“小微湿地+有机产业”“小微湿地+民宿康养”“小微湿地+生态旅游”“小微湿地+自然教育”等建设模式,开展小微湿地合理利用示范建设。以小微湿地作为美丽重庆建设的重要细胞单元,推广小微湿地+城乡人居环境改善、小微湿地+乡村庭院景观美化、小微湿地+自然教育等建设模式,开展小微湿地与美丽重庆协同发展示范建设。以乡村小微湿地保护和可持续利用为基础,推进乡村海绵家园建设和乡村小微湿地生态经济的发展。乡村“海绵家园”建设是一项综合生态战略,旨在解决农村水资源管理、环境美化优化、庭院经济发展等问题,具有乡村雨洪管理、乡村污染治理、乡村水源涵养、乡村环境优化、乡村生境保护、庭院微型经济等多种功能。乡村小微湿地生态经济符合长江上游广阔山地丘陵的实际,充分利用塘、田、沟、渠、堰、井、泉、溪等形成小微湿地单元,种植水生蔬菜、水生花卉,进行水生动物养殖,将湿地种植和湿地养殖耦合,形成鱼菜共生系统等乡村小微湿地立体经济系统。

（六）推进湿地科研及监测

建立和完善湿地科学研究机构。紧密围绕长江上游湿地科学及应用的重大关键问题，依托重庆大学、西南大学、重庆师范大学等高校及科研院所的湿地研究基地和团队，积极开展科学研究，满足长江上游湿地保护与可持续利用的需要。

积极开展湿地科学研究。围绕重庆湿地修复与生态系统调控、流域退化湿地生态修复、流域面源污染防控及河湖库水质保护、湿地合理利用及产品研发，进行联合技术攻关；建立一流的研发平台，加强产学研结合，推动长江上游湿地科学基础研究和应用研究的快速发展。

加强湿地资源的长期生态监测。制定监测标准，建立和完善定位监测系统，开展湿地各要素及湿地生态系统的长期定位监测；利用天、地、生一体化技术，推进湿地生态监测技术水平的提高，为重庆湿地保护提供科学支撑。

（七）加强湿地综合管理

创新湿地发展模式。重庆湿地的保护和可持续开发迫切需要采取创新的发展模式。以"山水林田湖草沙"为核心，提出重庆湿地分区、分级保护与绿色发展的对策。积极推进长江上游湿地保护联盟建设，在湿地保护、绿色发展等方面起到统筹协调和绿色发展的功能。

创新湿地管理机制。改变长期以来长江"九龙治水"的状况，构建纵横向一体化的流域综合治理体制。"纵向到底"，即从中央到地方，坚持长江生态环境保护的总方针，做到湿地保护的协调统一；"横向到边"，即各个有关职能单位分工负责，统一指挥，统一协调，共同维护重庆湿地的整体保护。

六、土壤生态屏障建设重点任务

土壤是覆盖于地球陆地表面能够支持生命的疏松表层物质，犹如地球的皮肤。地球上至少有1/4的生物蕴藏于土壤中，其重要性毋庸置疑。然而，由于全球气候变化和人类活动干扰的加剧,土壤正承受着来自多方面的压力。长江上游重要生态屏障区的主导生态功能之一就是土壤保护(图 5.7)。

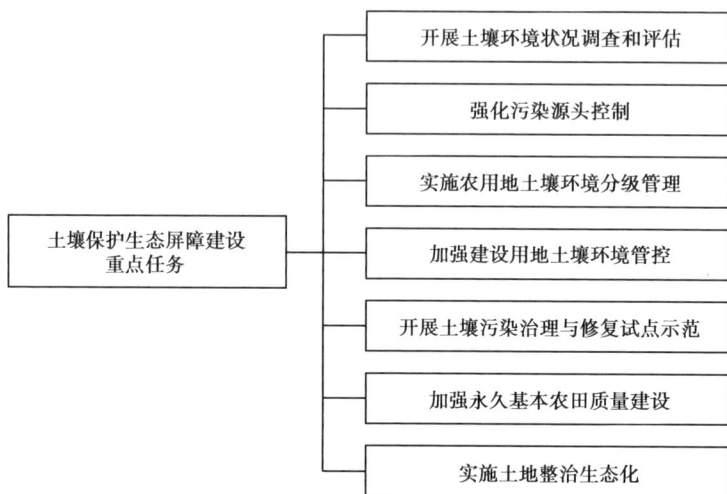

图 5.7　土壤保护生态屏障建设重点任务

(一)开展土壤环境状况调查和评估

以耕地、园地等农用地为重点,开展全市土壤污染详查,加强土地质量调查。建立全市土壤污染样品库和数据库,理清全市土壤污染物种类、来源和分布,评估土壤污染潜在的生态风险,建立全市土壤环境质量数据库和区域污染防治信息管理平台。以主要耕地、集中式饮用水水源地以及生态保护红线区域为重点,划定全市土壤环境优先保护区域,完成优先保护区土壤环境质量评估分级,建立优先区域土壤环境管理数据库。

(二)强化污染源头控制

加强土壤污染工业来源的识别与防治,加快推进电镀、鞣革、印染、化工、危险废物处置等重污染行业统一规划、统一定点。对重点防控行业企业周边土壤环境质量实施例行监测,对达不到污染物排放标准的重点监管企业进行限期治理。建立严格的优先土壤保护区域环境管理制度,严禁在重点地区周围建设对土壤污染有潜在危害的工程。严控农业生产过程环境污染,强化农药化肥和农膜等农用化学品施用以及畜禽养殖业对土壤污染的监督管理。加强生活垃圾、污水、危险废物等集中式治污设施周边土壤环境监管,规范废物集中处理处治活动。

(三)实施农用地土壤环境分级管理

划定农用地土壤环境质量等级,实施分级管理。优先将未污染耕地划为永久基本农田,加大保护力度,重点保护江津区、合川区、大足区等 10 个国家级和万州区、开州区、奉节县等 20 个市级重点商品粮基地,涪陵区、江津区、綦江区等 11 个冬春蔬菜重点区域基地以及万州区、武隆区、石柱土家族自治县等 6 个夏秋蔬菜重点区域基地。对中轻度污染农用地,开展土壤环境质量监测和农产品质量检测,采取严格环境准入、阻断土壤污染来源等措施,防止土壤污染加重。对重度污染农用地,严格用途管制,禁止种植食用农产品。完成农产品禁止生产区域的划定。建立重要农产品产地土壤环境和农产品质量综合数据库。综合考虑土壤污染程度和农产品超标情况,制定农用地土壤污染治理与修复计划。

(四)加强建设用地土壤环境管控

实施建设用地分类管理,建立新增建设用地、收回国有土地以及改变用途的现有建设用地的风险管控制度。开展重点行业关停搬迁企业场地的污染状况排查和风险评估,建立潜在污染场地清单,实施重点监管。对涉及关停搬迁企业场地的土地流转和再开发利用,开展场地环境风险评估和治理修复。持续安排一批潜在污染场地环境调查和风险评估项目。重点推进完成老、重工业集中区域以及影响人居环境安全、饮用水安全等污染隐患突出的污染场地治理修复。

(五)开展土壤污染治理与修复试点示范

按照先规划后实施、边调查边治理的原则,统筹土壤和地下水、大气环境协同治理,开展土壤、地下水重金属和有机污染协同修复试点,重点推进商品粮生产基地、菜篮子基地、集中式饮用水水源地的重金属、持久性有机污染物土壤治理修复示范,以及历史遗留场地和垃圾填埋场的综合治理与修复试点。

(六)加强永久基本农田质量建设

按照国家高标准农田建设的整体部署,统筹各种农业资金,引导社会资本参与,重点推进高标准农田保护与建设,推进水土保持等方面的科技创新与推广,使所有的永久基本农田都变成高标准农田,从而使永久基本农田的面积结构得到有效巩固,提高耕地品质。

(七)实施土地整治生态化

土地整治与生态保护、生计改善与生物多样性保育是相辅相成的。传统的土地整治是对地形结构进行梳理和重塑,生态化的土地整治有利于生态系统结构的恢复与重建,从而达到保护生态的作用。

以"山水林田湖草沙"生命共同体理念,创新土地整治模式,实施土地整治生态化。基于全面优化土地生态系统服务功能的目标,综合设计土地整治中的山水林田湖草沙生命共同体。因地制宜开展田水路林村综合治理,注重土地整治的生态化建设,减少对自然的干扰和损害,保护生物多样性,保护和恢复农业自然景观。

6

重庆筑牢长江上游重要生态屏障的实现路径及优先行动

第一节　筑牢长江上游重要生态屏障的实现路径

立足重庆建设长江上游重要生态屏障的现实基础、存在的主要问题以及未来发展需求,提出重庆筑牢长江上游重要生态屏障的实现路径(图6.1),以推动生态屏障建设各项目的任务制度化、常态化落到实处,实现中长期建设发展目标。

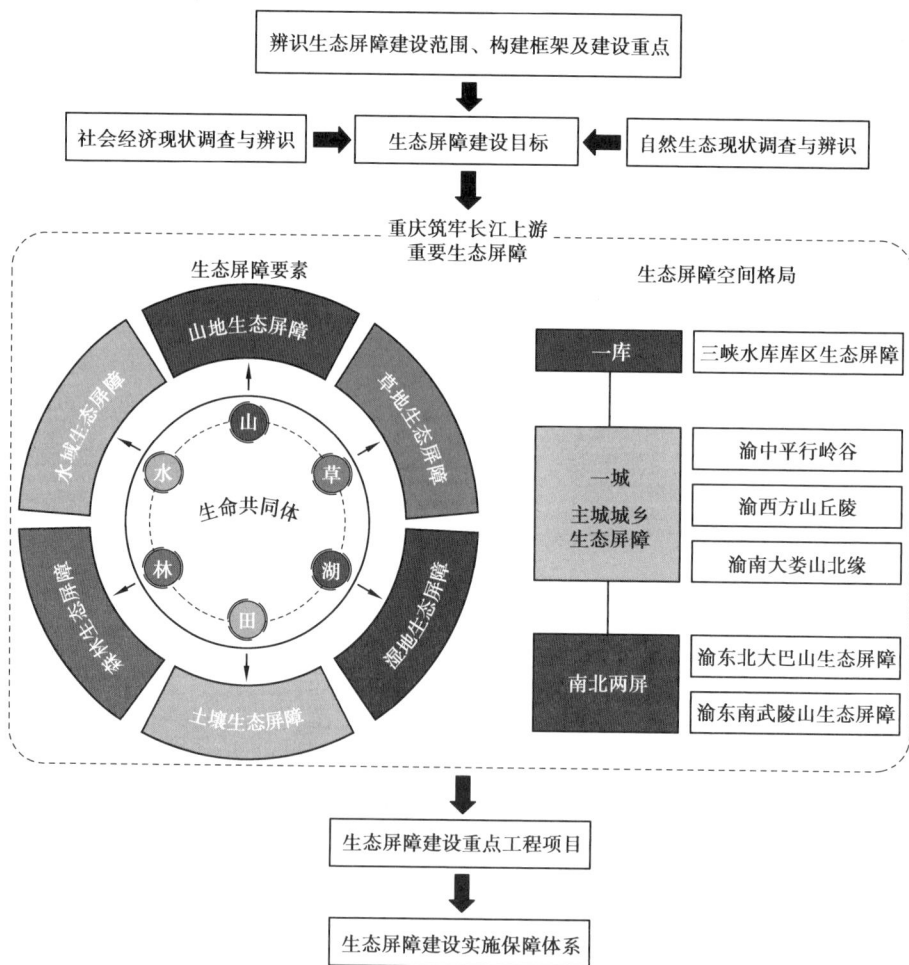

图 6.1　重庆筑牢长江上游重要生态屏障的实现路径

一、以生态屏障要素全方位筑牢重要生态屏障

从生态屏障组成要素来看,遵循"山水林田湖草沙"的生命共同体理念,立足生态系统建设角度,应从山地生态屏障、森林生态屏障、草地生态屏障、水域生态屏障、湿地生态屏障、土壤生态屏障等六个方面,全方位筑牢长江上游重要生态屏障(成金华和尤喆,2019)。

山、林、草、水、湿、土是全市生态屏障体系建设之基,是最重要、最核心的生态要素,是绿色发展的命脉。在长江上游重要生态屏障建设中,以山、林、草、水、湿、土为基,通过护山、营林、丰草、理水、建湿、保土,各要素协同共生,从要素上构建全市生态屏障综合系统格局,实现"一库,一城,南北两屏"优良生态空间格局的建设目标,最终形成全市立体化、网络化、复合型生态屏障。

二、生态屏障要素与生态屏障空间格局有机融合

以生态要素角度构建的山地、森林、草地、水域、湿地、土壤六大生态屏障,与"一库,一城,南北两屏"的生态屏障空间格局交相呼应。通过护山、营林、丰草、理水、建湿、保土,各要素协同共生,从要素上构建全市生态屏障的"山水林田湖草沙"综合生态系统格局;通过生态库区建设、绿色城区建设,渝东北大巴山和渝东南武陵山生态保护修复,形成全市"一库,一城,南北两屏"优良生态空间格局。通过加强与长江流域国土空间规划的衔接,实施国土空间分区、分类用途管制。结合全市"一库,一城,南北两屏"生态本底和生态屏障功能需求,构建以大巴山、巫山、武陵山、大娄山、华蓥山为主体,以长江、嘉陵江、乌江及其次级河流为主脉,以重要独立山体、大中型湖库以及各类自然保护地为补充的立体化、网络化、复合型生态屏障体系格局。

三、生态屏障体系建设与生态产业协同发展

牢固树立"绿水青山就是金山银山"的生态文明理念,在筑牢长江上游重要

生态屏障中努力探索生态优先、绿色发展新路子,学好用好"两山论",走深走实"两化路",推进长江上游重要生态屏障建设与生态产业协同发展。加快实施护山、营林、丰草、理水、建湿、保土工程与生态产业的协同发展,在生态屏障区内建成一批生态产业示范基地。发展具有区域特色的生态产业,形成完整的生态产业体系和生态产业链。

根据资源禀赋和生态条件,在全市生态屏障区内,构建差异化的生态产业发展路径:(1)在渝东北大巴山、渝东南武陵山生态屏障区内发展山地生态产业,该区的立体地形、异质性环境、多样化景观、丰富的物种资源以及独具特色的山地文化,为多样化生态产业的发展提供了良好基础。(2)在三峡库区注重库区生态经济要素集成与协同,建设长江经济带三峡库区生态优先绿色发展先行示范区,将三峡库区建成长江经济带的生态乐园。(3)在渝西方山丘陵区和渝中平行岭谷区生态屏障区发展丘区生态产业,借鉴传统农业文化遗产和乡村生态智慧,在山地丘陵区域大力发展共生型立体生态农业,例如"果—粮共生型""稻—鱼共生型""稻—鸭共生型""稻—鸭—鱼共生型"生态农业。促进多功能生态产业发展,实施一批生态产业工程,以生物生产和生物多样性保育为主导功能,兼具环境污染治理、水源涵养、水土保持、景观美化优化等多功能,实现全市生态屏障区内生态美、百姓富的有机统一。

第二节　筑牢长江上游重要生态屏障的优先行动

统筹"山水林田湖草沙"生命共同体,创新全市生态屏障建设模式,全面提升优化生态屏障的生态服务功能,推进重要生态屏障建设"优先行动计划"的实施。筑牢全市重要生态屏障"优先行动计划"内容包括:(1)以生态库区为抓手促进三峡库区生态屏障建设;(2)加强大巴山区水源涵养生态屏障区建设;(3)加强武陵山区生物多样性保护生态屏障区建设;(4)推进大娄山北缘生物多样性保育生态屏障区建设;(5)基于自然解决方案,统筹"山水林田湖草沙"修复工程,实施"山水林田湖草沙"生命共同体整体生态修复;(6)加强以"四山"为龙头的渝中平行岭谷生态屏障建设；(7)实施主城中心城区"两江四岸"生态修复与景观优化协同工程；(8)推进以巴蜀生态走廊建设为核心的成渝地区双城经济圈生态保护修复；(9)以"一区两群"为核心，推进生态系统碳汇提升优先行动。

一、三峡库区生态保护修复优先行动计划

重点推进以生态库区为抓手的三峡库区生态屏障建设，发挥其在全市生态屏障建设"九大优先行动"中的引领示范作用。重点推进三峡库区"山水林田湖草沙"生命共同体共保共治共管，深化实施"两岸青山·千里林带"工程，加强消落区生态修复及库区沿江地质灾害综合防治。

（一）陆生生态系统保护与恢复

加强三峡库区生态屏障及库区陆生生态系统的保护与恢复，将珍稀濒危物种、陆生生物群落纳入陆生生物多样性保护，确定保护对象，明确栖息地保护范围，落实物种和栖息地保护措施。突出对地带性植被类型的保护，以构建生态屏障及库区陆域范围内合理的生态景观格局(图6.2)。

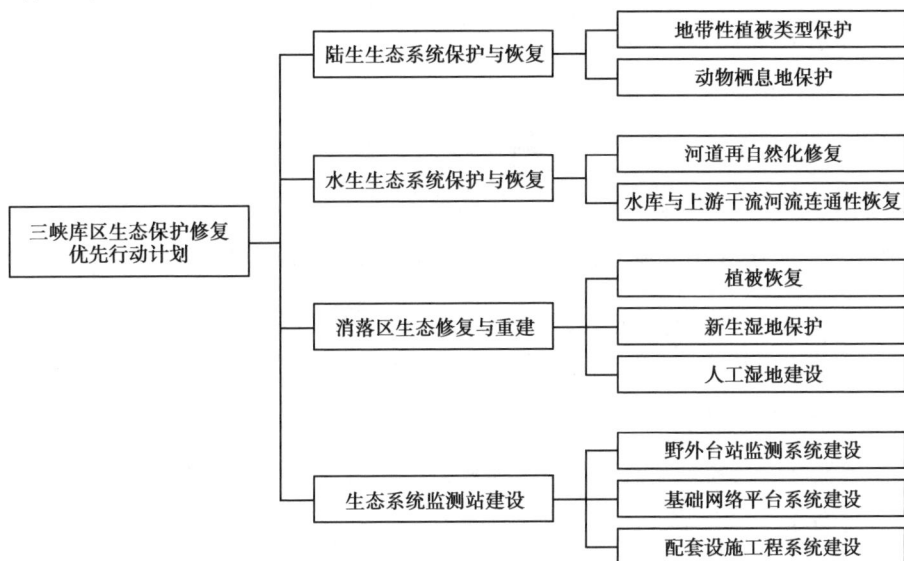

图6.2　三峡库区生态保护修复优先行动计划

三峡库区东部是景观生态与物种多样性保护的重点区域。保护区域内古树名木 1 475 株,拥有保护珍稀濒危植物群落及动物栖息地 65.00 万亩、景观生态保护斑块面积 47.22 万亩。景观生态和物种多样性保护有 3 个区域:库区西部平行岭谷低山丘陵偏湿性常绿阔叶林区(包括江津区、重庆主城区、长寿区、涪陵区和武隆区),物种多样性保护面积 0.73 万亩;库区中部平行岭谷低山丘陵常绿阔叶林区(包括丰都县、石柱土家族自治县、忠县和万州区),物种多样性保护面积 1.33 万亩;库区东部低山、中山峡谷暖湿常绿阔叶林区(包括开州区、云阳县、奉节县、巫溪县和巫山县),物种多样性保护面积 3.6 万亩。

(二)水生生态系统保护与修复

实施三峡库区水生生态系统保护与修复,将库尾及以上干流、重要支流、支流汇口等流水生境和部分平缓库湾等缓流或静水生境纳入重点保护范围,限制或禁止人类干扰,并针对其生境受损情况,采取河流连通、水文过程、微生境等修复和建设人工鱼巢、鱼礁等举措,维持三峡水库河库复合生态系统生境结构的完整性。采取必要的人工辅助措施,补充珍稀濒危特有鱼类的种群数量,促进其种群恢复。对种质资源库建设、驯养繁殖、增殖放流等进行系统规划,以维持水库水生生态系统结构的完整性。

生境保护以干流流水江段和流域面积大、流程长、物种多样性相对高、开发程度相对小的支流为重点保护区域。其中,干流选择向家坝水电工程坝址以下至重庆南岸区广阳镇,支流选择綦江、御临河、龙溪河、龙河、黄金河、澎溪河、磨刀溪、大宁河等 8 条支流为重点保护。支流水域生境修复范围包括 8 条一级支流及其次级支流上已建的水利水电工程、河道整治工程和河道采砂点等区域。

实施人工鱼巢、鱼礁建设。人工鱼巢的建设地点选择三峡水库 40 余条主要一级支流形成的适宜静水产黏性卵鱼类产卵的水库库湾,地点设置在 145～175 米水位的水域。人工鱼礁建设地点选择 8 条重点保护支流,145～175 米水位的主河道上。

实施三峡水库与上游干流河流连通性保护工程,逐步推进嘉陵江、乌江和其他重要支流过鱼设施建设。加强水库重要珍稀特有物种增殖放流,改扩建涪陵、万州2个珍稀特有水生动物增殖放流站。在涪陵、万州建设三峡珍稀及特有水生动物种质资源库活体库分库,保护库区51种珍稀特有水生动物;加强云阳濒危水生动物救护中心能力建设。

(三)消落区生态修复重建

加强三峡库区消落区生态保护,对70%以上消落区采取保留自然状态的措施进行保护,尤其是需要加强控制开发利用活动。库区各区县应建立专门的管理机构,配备专业管理人员和相关设备,完善和提升管理能力建设,制定保留保护消落区方面的管理条例。

加强消落区植被恢复。植被恢复主要涉及江津、南岸、北碚、巴南、渝北、长寿、武隆、涪陵、丰都、石柱、忠县、万州、云阳、开州、奉节、巫溪、巫山等区县,长江干流以及嘉陵江、乌江、梨香溪、大宁河、龙河等支流两岸分散的土质缓坡农村消落区。

加强消落区新生湿地保护、人工湿地建设生态友好型利用。主要涉及巫山大宁河段、澎溪河云阳段和开州段,忠县甘井河、东溪河和皇华岛段,丰都郎溪镇江段等区域的农村缓坡消落区。

(四)生态系统监测站建设

加强三峡库区生态系统监测站建设,包括9个生态监测站,涉及三峡库区典型的代表性生态区域,如都市区、三峡库区、大巴山区、武陵山区、渝西方山丘陵。主要建设工程包括:①野外台站监测系统建设,针对三峡库区生态环境的实际情况,选择代表性生态区域建设野外监测台站,主要有三峡库区湿地与水生生态监测站、大巴山陆地生态系统监测站、武陵山喀斯特生态系统监测站、渝西方山丘陵农业生态监测站、都市区城市生态系统监测站,建设内容包括监测设备、实验室、固定样地、自动监测系统等。②基础网络平台系统建设,包括重庆市生态监测中心站和各典型生态区域监测站的数据处理设备、生态数据自动传输系统、网络设备等;基于“3S”技术的生态监测应用支撑平台,生态监测站局域网、主服务器、数据采集平台、数据处理平台、数据库服务器建设等。③配套设施工程系统:包括野外监测台站的给排水工程、供电工程、通信工程、交通设备、办公室设备等。

二、大巴山区生态屏障建设优先行动计划

大巴山区生态屏障主要包括城口、巫溪、开州北部山区等区域,位于中国亚热带向暖温带的过渡区,形成了以亚热带为主的天然地理垂直分带格局,是北亚热带物种分布集中的地带,同时也是生物多样性重点保护区域和重要的水源涵养区。人类活动干扰导致生态环境遭到破坏,使得森林质量下降,水源涵养功能减弱,同时也存在着巨大的地质灾害隐患,生境质量下降和生境破碎化加剧,对生物多样性构成了巨大的威胁。

大巴山区生态屏障以提高森林生态系统质量和稳定性为导向,立足大巴山区生物多样性保护与水源涵养,完善生物多样性保护网络,全方位加强濒危物种保护和繁育,开展野生动植物栖息地保护修复,探索实施自然保护地生态搬迁,科学实施森林质量精准提升、中幼林抚育和国家储备林基地建设,筑牢大巴山区生态屏障(图 6.3)。

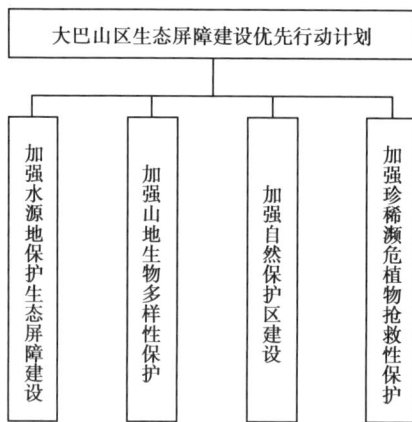

图 6.3 大巴山区生态屏障建设优先行动计划

(一)加强水源地保护生态屏障建设

加强重点流域、区域污染整治。按照水环境功能区水质要求,重点加强和维持水生态环境功能,保障河流水质及饮水安全。以任河、大宁河等流域综合整治为重点,全面实施水源地保护生态工程。建设任河、大宁河流域水源涵养生态功能保护区;实施任河、大宁河等河流两侧第一层山脊及水库周边山地的水源涵养林建设工程。

结合退耕还林还草、荒山造林、封山育林等工程,优先营建具有重要意义的水源涵养林。对任河、大宁河等河流两侧第一层山脊及水库周边山地加强水源涵养林建设。

(二)加强山地生物多样性保护

该区属于《全国生态功能区划》中划定的秦巴山地生物多样性生态功能保护区。秦巴山地是中国生物多样性关键区域之一,是全球山地生物多样性热点区域,生物多样性极其丰富。应加强山地生物多样性保护,重点保护该区域的珍稀濒危特有物种及山地生态系统。

(三)加强自然保护区能力建设

加强城口县大巴山国家级自然保护区、开州区雪宝山国家级自然保护区、巫溪县阴条岭国家级自然保护区、巫山县五里坡国家级自然保护区等自然保护区的野生动植物资源调查、科研监测项目布局、管护能力建设及宣传教育。在加强已建管护站(点)的基础上,进一步建设和管理好保护区周边乡镇驻地设置的保护管理站。加强防火基础设施建设,建立林火监测系统。加强科研监测中心和生态监测站建设。

(四)加强珍稀濒危动植物抢救性保护

采取就地或迁地保护措施保护珍稀濒危植物。对列入国家一、二级保护的自然生长区的物种加强保护措施,禁止迁移和采掘。利用科技手段对一些珍稀濒危植物进行有目的的繁育,不断扩大其物种数量和分布范围。实施极危植物物种抢救性保护工程,主要包括崖柏、珙桐等保护。实施珍稀濒危动物保护工程,主要包括林麝及其栖息地保护与恢复工程、野生动物救护中心建设等。

三、武陵山区生态屏障建设优先行动计划

武陵山区生态屏障包括重庆市黔江、酉阳、秀山、彭水、石柱,是东亚亚热带植物区系分布核心区,有水杉、珙桐等多种国家珍稀濒危物种;此外,它还是长江主要支流的沅水、资水和乌江的汇水区,具有十分关键的水资源保护与水土保护作用。这一地区的地形坡度大,雨量充沛,对土壤侵蚀十分敏感。对森林资源的不合理开发导致了其生态系统退化,土壤侵蚀加剧,石漠化问题突出,地质灾害增加,野生动植物生境遭到了严重损害。

武陵山区生态屏障建设以推动森林生态系统自然恢复和提升稳定性为导向,立足武陵山区生物多样性保护与水源涵养,大力实施天然林资源保护和森林质量精准提升,在此基础上,开展退耕还林、强化林地管理等措施,推动森林正向演替。强化野生动物生境的保护与恢复,进行珍稀动物的繁殖研究与保护,筑牢武陵山区生态屏障(图6.4)。

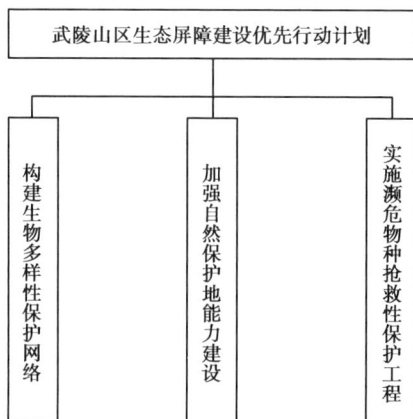

图 6.4　武陵山区生态屏障建设优先行动计划

（一）构建生物多样性保护网络

坚持以自然保护地为主体,努力推进自然保护区建设,加强大风堡市级自然保护区、白马山市级自然保护区、大板营市级自然保护区、茂云山自然保护区、长溪河鱼类自然保护区建设,加强黑叶猴、白冠长尾雉、尖吻蝮等珍稀濒危动物保育。选择物种资源丰富、生态区位重要、植被恢复能力强的林地实行封山育林,严格控制人为活动,让植被自然恢复,保持生态系统的自然性。以自然保护区为龙头,全面建设生物多样性保护网络。妥善处理好自然保护区内保护与开发的矛盾关系,强调保护优先的原则。在加强现有自然保护区能力建设的同时,切实加强野生动植物保护工作。通过保护有典型意义的森林、草甸、河流等自然生态系统,珍稀野生生物等,建成布局合理、管理科学、执法严格的自然保护地网络和野生动植物保护体系。

（二）加强保护自然保护地能力建设

该区域是中国生物多样性保护的关键区域之一,具有极高的物种丰富度。因此,应开展系统深入的生物多样性调查,在此基础上作出全面的科学评估。加强大风堡市级自然保护区、白马山市级自然保护区、大板营市级自然保护区、茂云山自然保护区、长溪河鱼类自然保护区野生动植物资源调查、科研监测、管护能力建设、宣传教育。在加强已建管护站(点)的基础上,进一步建设和管理好保护区周边乡镇驻地设置的保护管理站。加强防火基础设施建设,建立林火监测系统,设置防火瞭望塔。建设完整的防火林带,在缓冲区外围、火险等级高的地段选择不易燃、抗火性能好的阔叶树种,建立防火林带,使之形成阻隔网络体系。鉴于武陵山区生态系统、生态过程、生物物种、基因及其多样性在我国乃至全球都具有代表性,具有巨大的研究价值,应建立健全生态监测站(点),开展武陵山地生态系统定位研究与监测。

（三）实施濒危物种抢救性保护工程

对珍稀濒危动植物进行就地或迁地保护。对列入国家一、二级保护的自然生长区的物种要加强保护，禁止迁移和捕杀。利用科技手段，对一些珍稀濒危植物进行有目的的繁育，不断扩大其物种数量和分布范围。

四、大娄山北缘生态屏障建设优先行动计划

该区域位于川滇黔交界处，包含 1 个功能区：大娄山区水源涵养与生物多样性保护功能区，是赤水河与乌江水系、横江水系的分水岭以及重要水源涵养区，行政区主要涉及重庆市的江津、綦江、万盛、南川。该区域水热条件良好，生物资源丰富，以常绿阔叶林为主。长期以来，由于上游地区过度垦殖、乱砍滥伐，致使植被严重破坏，水土流失严重，生态系统退化。

大娄山区生态屏障以提升森林生态系统稳定性和促进自然恢复为导向，立足大娄山区水源涵养与生物多样性保护，大力推进水土流失综合治理、河湖和湿地生态系统保护与修复，推进国家储备林基地建设，扩大经济林种植规模，着力构建规模适度、集中连片、稳定高质量的森林生态系统，筑牢大娄山区生态屏障（图 6.5）。

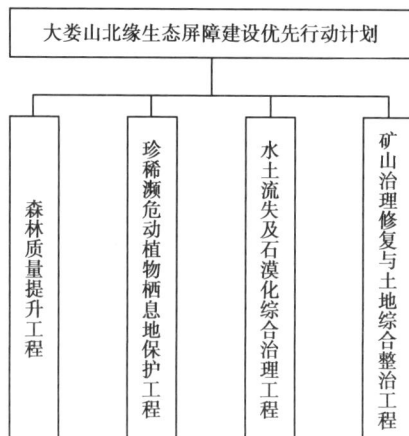

图 6.5　大娄山北缘生态屏障建设优先行动计划

(一)森林质量提升工程

全面实施森林质量精准提升工程,构建健康稳定优质高效的森林生态系统。通过实施天然林保护、退耕还林还草、长江防护林建设,依托天然林保护、长江防护林建设、国家储备林基地建设等,实施森林抚育、退化林修复、现有林林相改造及植被结构优化等措施,提升森林质量,建立退化天然林修复制度。持续推进国土空间绿化,加强森林资源管护和森林质量精准提升,着力构建集中连片、稳定高质量的森林生态系统。

(二)珍稀濒危动植物栖息地保护工程

开展野生动植物栖息地保护修复,加强银杉、南川木菠萝、金佛山兰等极小种群就地保护,着力提升濒危种群规模数量。通过人工繁育、栖息地改良、野化,着力实施珍稀濒危野生动植物抢救保护工程。保护和拓展生态廊道,推进非保护区野生动植物保护工程,修复遭到破坏或退化的江河鱼类产卵场。加强外来入侵有害生物防治,提升生物多样性。

(三)水土流失及石漠化综合治理工程

加强林草植被建设与保护,统筹开展水土流失综合治理、石漠化综合治理工程。通过实施封山育林、退耕还林还草,加强林草植被保护和修复,提高林草覆盖率。通过人工治理与自然恢复相结合、生物措施与工程措施相结合,有效遏制水土流失和石漠化加重趋势,使石漠化区域的生态系统逐步趋于稳定,土地利用结构和农业生产结构不断优化,生态环境质量稳步好转。积极探索石漠化区域生态化利用,发展生态观光旅游,减少农业生产破坏。

(四)矿山治理修复与土地综合整治工程

开展全域土地综合整治,以矿山生态修复为重点,实施矿山生态修复、农用地整理、建设用地整理及农村人居环境整治。坚持宜林则林、宜草则草,促进自然修复同人工干预结合,积极推进废弃矿山生态修复、土地综合整治、地质灾害治理。结合实际情况,以优先实施历史矿山生态修复工程为突破点,通过国土空间综合整治,优化生产、生活、生态空间格局。结合立地条件,开展全域土地综合整治,加强乡村人居环境整治和美丽清洁田园建设。开展生态环境整治修复工程,改善农村生态宜居环境,推进美丽重庆建设。

五、"山水林田湖草沙"生命共同体生态修复优先行动计划

党的十八大以来,习近平总书记从生态文明建设的整体视野提出"山水林田湖草沙是生命共同体"的论断,强调"统筹山水林田湖草沙系统治理"以及"全方位、全地域、全过程开展生态文明建设"。"山水林田湖草沙"是生命共同体的系统论思想,要求树立生态治理的大局观、全局观。习近平总书记深刻指出:"人的命脉在田,田的命脉在水,水的命脉在山,山的命脉在土,土的命脉在树。"(郇庆治,2022)由山水、草地和湖泊等构成的天然生态系统中,彼此之间是相互依赖和密切联系的。统筹"山水林田湖草沙"的系统管理,要站在系统、整体的角度去寻找一条新的治理道路,通过统筹规划,整体施策,多措并举(图6.6),打造"山水林田湖草沙"生命共同体。

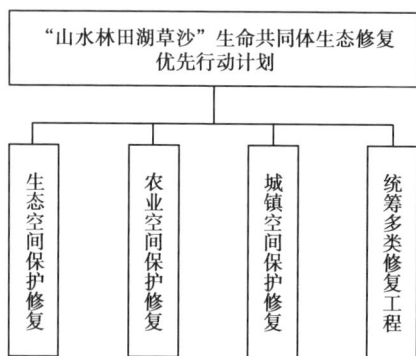

图6.6 "山水林田湖草沙"生命共同体生态修复优先行动计划

(一)生态空间保护修复

遵循自然生态系统整体性、系统性及其内在规律,维护自然生态系统原真性。维护地质地貌景观多样性,建设生态廊道,修复重要栖息地和废弃地,使自然生态系统保持自我可持续的健康稳定,保护生物多样性,全面优化生态系统的服务功能。坚持以自然恢复为主,生态空间内应减少人为扰动,除必要的地质灾害防治、防洪防护等安全工程和生态保护修复工程,原则上不安排人工工程。不应影响野生动植物生境,对符合生态退耕条件的因地制宜实施退耕还林还草还湿,恢复自然生态系统。实行分区保护修复,在生态保护红线内加大封育力度,按禁止开发区域要求管理,原则上严禁开发建设活动;在一般生态空间中,按限制开发区域要求管理,允许在不降低生态功能、不破坏生态系统的前提下,进行适度开发利用和结构布局调整,鼓励探索陆域、水域复合利用,发挥生态空间的多种功能。

(二)农业空间保护修复

对耕地进行生物多样性保护,保持农业空间中的原生栖息地,保持乡土风貌,对耕地生态环境进行保护,严格划定和约束永久基本农田保护红线。提升乡村生态功能,依据国土空间规划及村庄规划,从乡村生态系统的整体性和区域自然环境的差异性出发,统筹山水林田湖草沙保护修复和村庄整治、工矿废弃地治理,将耕地、林地、草地整理与建设用地布局优化协同,"慎砍树、不填湖、少拆房",打造规模集中连片的耕地、草地、湿地、林地等生态系统复合格局,保护自然资源,提升生态功能,促进农业绿色发展。

(三)城镇空间保护修复

系统恢复耕地、林地、草地、湖泊、河流和湿地等自然生态空间,实现城市内外水系、绿地、森林、耕地的有机连通。扩大城市之间的生态空间,让城市融入大自然。保护城市生态空间,与"城市双修""海绵城市"建设相结合,在城镇开发边界内,保护现有生态廊道,提升城市生态产品供给能力。

(四)基于自然的解决方案,统筹"山水林田湖草沙"修复工程

基于自然的解决方案,统筹矿山生态修复、流域水生态修复、退化土地修复、重要生态系统保护修复、土地综合整治,从整体生态系统设计的角度出发,进行要素设计、结构设计、功能设计、过程设计,全面优化提升修复后的生态系统服务功能。

六、"四山"保护优先行动计划

在重庆地理范围内的众多山脉中,缙云山、中梁山、铜锣山、明月山纵贯重庆主城南北,被称为重庆主城区"四山",亦被视为"山城重庆的脊梁"和"天然的生态屏障",在筑牢长江上游重要生态屏障中应优先加强保护(图6.7)。

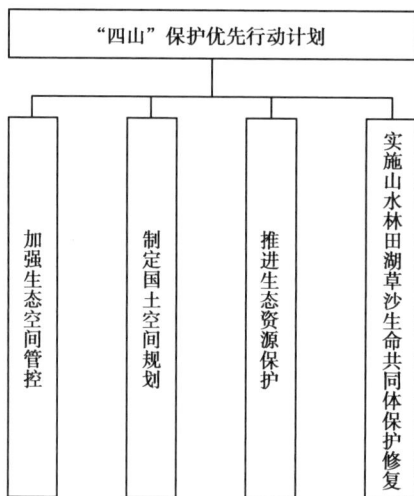

图 6.7　"四山"保护优先行动计划

(一)加强"四山"生态空间管控

以具有山城特点的"四山"管制区为核心,控制面积1 494.9平方千米,推进"多规合一",严格控制"四山"控制区的各种生态空间。以"四山"控制区域为

核心,以实现"保护自然、保障民生"为目标,构建具有"山城"特征的特殊生态控制单元。以"四山"的自然特征、历史文化特征为重点,以全域控制和工程建设相结合的方式,对"四山"自然环境进行全方位保护。

(二)制定"四山"国土空间规划

开展"四山"自然资源和人文资源本底详查,明确划定"四山"各类国土空间,制定"四山"国土空间规划,实施最严格的生态空间管控。划定"四山"管制区生态保护红线、永久基本农田和城镇开发边界,实施分区管控。按照"四山""城市绿肺、市民花园"的总体定位,加强"四山"生态系统综合保护,全面优化、提升"四山"的生态服务功能。

(三)推进"四山"生态资源保护

加强"四山"森林资源保护、水资源保护、特色农地资源保护、生物多样性保护,实施"四山"全域生态保护。加强缙云山、明月山、中梁山、铜锣山森林资源保护管理;对"四山"范围内的河溪、湖库等水资源予以全面保护,重点加强对渝北区、北碚区海底沟、北碚区北温泉—大地坝、巴南区界石—回龙湾等地下战略后备水源地的划定和保护。开展"四山"生物多样性详查,加强以自然保护区为核心的自然保护地的保护管理。

(四)实施"四山"山水林田湖草沙生命共同体保护修复

立足"四山"山水林田湖草沙生命共同体,实施矿山综合治理、水环境系统修复、国土绿化提升、土地综合整治等系统性保护修复。开展缙云山片区生态系统修复整治,恢复缙云山常绿阔叶林及其生物多样性;开展铜锣山—铜锣峡片区矿山生态修复治理与次生地质灾害防治,与旅游开发和生态农业发展有机结合;开展中梁山片区、明月山片区山地生态系统的综合整治与修复,促进山地生态系统服务功能的全面优化提升。

七、主城中心城区"两江四岸"生态修复与景观优化优先行动计划

重庆是山城,也是江城。主城区中心城区范围内长江、嘉陵江河道长约180千米,两侧岸线长约394千米,由此形成的"两江四岸"是"山水之城"的核心地带。"两江四岸"是指重庆主城中心城区中梁山与铜锣山之间的长江、嘉陵江区域,其中长江约60千米、嘉陵江约50千米。这一地区地处三峡水库库尾,受到三峡水库水位升降和长江上游自然河流洪水冲刷的双重作用,水位季节性波动大。曾经因沿江过度开发、餐饮船等造成部分水域污染。生态文明建设对重庆"两江四岸"生态化发展提出了更高要求。未来的长江不仅仅是人类的长江,更是鱼类、鸟类等动植物生息繁衍的长江,恢复有生命的江河及岸带是长江大保护的重要趋势(图6.8)。

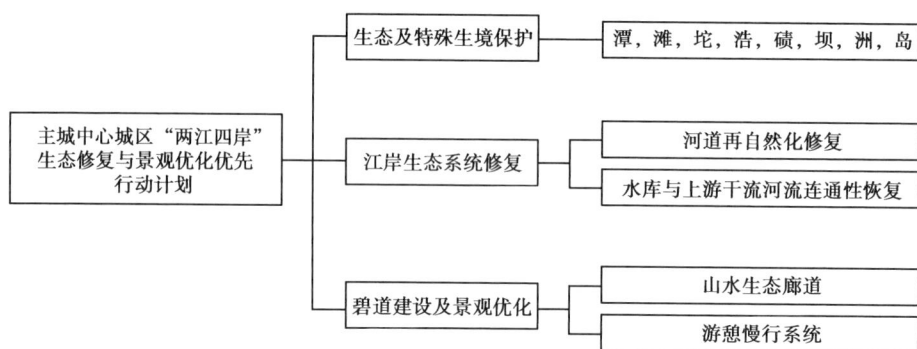

图6.8 主城中心城区"两江四岸"生态修复与景观优化优先行动

(一)加强"两江四岸"生态保护及特殊生境保护

长江、嘉陵江在重庆主城区段的江岸水文地貌结构类型多样,极富山地特色,包括潭、滩、沱、浩(内浩、外浩)、碛(明碛、暗碛)、坝、洲、岛等水文地貌单元,构成重庆山城江河独特的水文地貌结构群。这些不仅是山城重庆江河的特色,也是山城水之魅力,是迷人的水景观类型。水文地貌结构是极其重要的水生生物生境,所孕育的丰富多样的鱼类、水生昆虫等水生生物,是山城生物多样

性的重要组成部分。在"两江四岸"保护修复中,应加强对特殊生境的调查、编目及保护,加强江岸生态系统整体保护,加强与之相关的江岸生物多样性及近岸水域生物多样性保护。

(二)加强"两江四岸"江岸生态系统修复

针对"两江四岸"的江岸及消落区生态环境问题,开展"两江四岸"江岸生态系统修复,建设一个集污染净化、景观优化、生物生境等多功能的江岸及消落区复合生态系统。根据不同消落区岸段的特点,通过构建与水位波动相适应的滨江立体生态空间构建、消落带界面生态调控、滨江消落带恢复韧性、景观恢复等方法,以解决消落区适生植被缺乏的瓶颈问题,构建能够应对水位波动及冬季水淹的消落区适生植物资源库。实施江岸近自然植物群落配置,构建适应季节性水位变动、重点针对面源污染防治和江岸景观美化的复合型、多功能生态防护带。

(三)加强"两江四岸"碧道建设及景观优化

通过建设带状绿色空间布局,打通山系到滨水空间的生态廊道。进行亲水空间的打造和功能重塑,在完成环境综合整治、疏解非核心功能的基础上,重建整个滨江地区的生态。将"两江四岸"的步行体系与绿色空间的建设相结合,向内扩展至城市社区,使"两江四岸"的美丽风光可游、可观、可赏,更好地满足当地居民及旅游者的休闲游憩、旅游度假需求。

八、成渝地区双城经济圈生态保护优先行动计划

成渝地区双城经济圈是长江上游最具活力、引领西部开发开放的国家级城市群,在构筑长江上游重要生态屏障、保证长江经济带生态安全格局中具有重要战略地位。成渝地区双城经济圈是构筑长江上游重要生态屏障的攻坚克难区域,退化生态系统恢复重建的任务繁重,历来就是长江上游重要生态建设的

主战场。在成渝地区双城经济圈建设中,核心要义之一是打好成渝地区双城经济圈发展的绿色底色,加快建设成渝地区双城经济圈生态廊道(图6.9)。

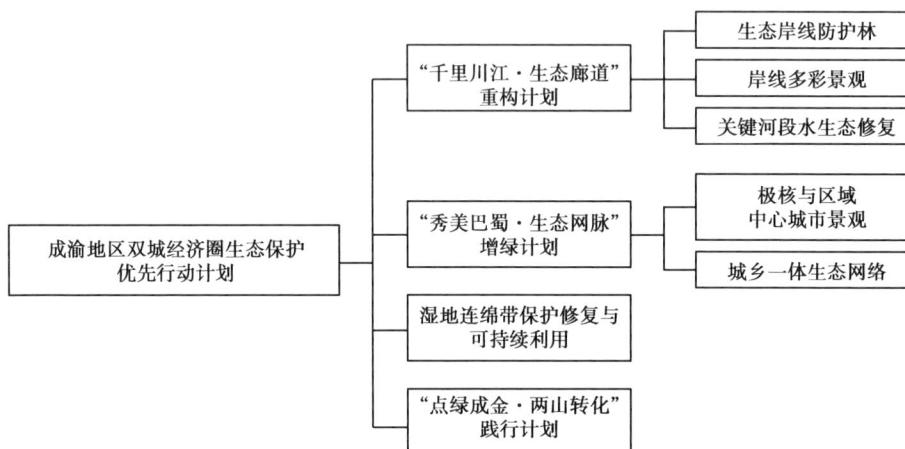

图6.9 成渝地区双城经济圈生态保护优先行动计划

（一）实施"千里川江·生态廊道"重构计划

成渝地区双城经济圈作为长江上游重要生态屏障的最后一道关口,具有水土资源"固定器"、环境污染"过滤器"、江河流量"调蓄器"和生态风险"缓冲器"的重要作用。建设沿江绿色生态廊道需要强化以长江、岷江、大渡河、沱江、涪江、嘉陵江、渠江、乌江、赤水河流域为主体沿江生态保护和修复。统筹推进上下游、干支流、左右岸的岸线退耕还林、沿河湿地生态修复、沿河景观带构建等生态廊道建设,夯实长江经济带生态屏障。推进"千里川江·生态廊道"建设,重点开展好以下三方面工作:(1)生态岸线防护林建设。通过优化群落结构形成绿色生态安全屏障,提升岸线生态系统质量和稳定性,防止水土流失,拦截面源污染,构建长江干支流生态廊道和生物多样性保护网络。(2)岸线多彩景观构建。在重要航道岸边构建景观带,打造基于航道建设的多彩防护林生态屏障,实现川江航道岸绿景美的沿江美丽景观带。(3)关键河段水生态修复。选择容易受人为不当活动影响而产生生态负面效应的河流以及湖库型水域湿地,有针对性地开展河流形态结构和生态功能的恢复或重建。

（二）实施"秀美巴蜀·生态网脉"增绿计划

加大力度实施城乡一体的城市群生态网建设，打造成渝地区独有的巴蜀田园风光。重点从以下两方面进行推进：一是极核与区域中心城市景观构建。围绕城市"增花添彩工程"，集成森林城市技术体系，构建一批多彩街道、观叶赏花的彩色园林景观模式，开展以海绵型生态绿地理念为引领的公园绿地建设。二是构建城乡一体生态网络。构建乡村振兴战略背景下城乡融合发展的田园型传统农业景观保护村落、大型城乡景观保护公园以及生态隔离带。

（三）成渝地区双城经济圈湿地连绵带的保护修复与可持续利用

四川被誉为"千河之省"，重庆是典型的山水城市，成渝之间是连绵不断的渝西、川中方山丘陵生态区，田畴沃土，青绿遍野。林、水是巴蜀生态走廊之基，是最重要、最核心的生态要素，湿地是绿色发展的命脉、生态本底的关键。在成渝地区双城经济圈"生命共同体"建设过程中，以林、水为基，共建巴蜀生态走廊，是实现成渝地区双城经济圈绿水青山目标的关键。

1.加强成渝地区双城经济圈的湿地保护

加强成渝地区双城经济圈湿地生态系统整体保护，建立完善湿地保护网络体系，大力推进湿地自然保护区、湿地公园等各级各类湿地自然保护地建设。划定成渝地区双城经济圈湿地红线。落实湿地生态空间，保障湿地面积不减少及永续发展，为成渝地区双城经济圈绿色发展提供资源环境保障。识别成渝地区双城经济圈关键湿地区域，重点针对长江、嘉陵江等大江大河、天府新区湿地圈、三峡重庆库区湿地等关键湿地区，出台相关保护规定和制度性措施。加强成渝地区双城经济圈湿地生物多样性保护，特别是加强对丰富而独特的湿地生物多样性、特殊的江河湿地生境、丘区湿地生境、珍稀濒危特有湿地动植物物种等的保护。立足湿地文化遗产的整体保护，加强成渝地区双城经济圈独特的湿地文化遗产保护,如都江堰、林盘湿地、丘区稻鱼共生系统等。

2.加快成渝地区双城经济圈的湿地恢复

首先,强力推进以林、水为纽带的成渝地区双城经济圈"山水林田湖草沙"生命共同体生态修复,构建双城经济圈湿地连绵带。其次,加强成渝地区双城经济圈退化河湖湿地恢复、湖库污染治理及生态修复。进一步对成渝地区双城经济圈中受到水利水电工程、挖沙采石等人为扰动影响的河道湿地开展生态修复工作。最后,加强成都市都市圈河、湖(库)、渠、塘湿地网络修复;加强重庆主城中心城区两江四岸及消落区湿地生态修复。此外,加强成渝地区双城经济圈小型溪河、沟渠、塘堰小微湿地修复,构建湿地连绵带的小微湿地网络,使之成为区域淡水生物多样性保护的关键节点。

3.推进成渝地区双城经济圈的湿地资源可持续利用

大力发展湿地生态产业,促进成渝地区双城经济圈湿地资源的生态友好型利用。加速发展综合湿地产业,力争将湿地生态产业与乡村经济发展、湿地资源保护相融合,发展一种集乡村湿地农业、湿地花卉苗木产业、湿地生态旅游业和湿地产品加工为一体的湿地生态产业,创建湿地生态产业基地,融湿地生态保护、湿地资源合理利用和湿地产品开发集于一体。加强成渝地区双城经济圈湿地农业利用,借鉴传统农耕时代的生态智慧,重点在成渝地区双城经济圈之间的川中、渝西丘陵区域发展丘区湿地农业,解决湿地保护与原住民生计的协同共生问题,实现湿地让原住民减贫致富的目标。加大湿地产品的精深加工,将湿地农业发展、原住民生计与生物多样性保护有机结合起来。建立成渝地区双城经济圈丘区湿地生态经济试验示范区。成渝地区双城经济圈的川中与渝西是连片分布的、面积广阔的丘陵区域,丘区湿地形态典型,在整个流域水土管理中发挥着重要的生态功能,是重要的生态涵养结构。加大力度研发丘区湿地资源综合利用的关键技术,探索丘区湿地资源生态友好型利用的生态智慧模式,形成丘区乡野湿地可持续利用技术体系和模式,最大限度地发挥丘区湿地的各种功能和效益,实现丘区湿地资源的可持续利用,使其造福当代,惠及子孙。

推进成渝地区双城经济圈乡村小微湿地保护与乡村小微湿地生态经济发展。整合及优化广阔乡村以塘为核心的"塘、田、沟、渠、堰、井、泉、溪"各要素有机协调的乡村小微湿地群,以乡村小微湿地保护和可持续利用为基础,推进乡村生态经济的发展。乡村小微湿地生态经济符合成渝地区双城经济圈广阔丘陵的实际,充分利用塘、田、沟、渠、堰、井、泉、溪等形成小微湿地单元,种植水生蔬菜、水生花卉,将湿地种植和湿地养殖耦合,形成鱼菜共生系统等乡村小微湿地立体经济系统。

4.推进成渝地区双城经济圈的湿地科研及监测

一是建立成渝协同的双城经济圈湿地科研联盟。主要依托重庆大学、四川大学、中国科学院在成都和重庆的相关院所等成渝两地的高校和科研院所,紧密围绕双城经济圈湿地科学及应用的重大问题、关键问题,开展联合科学攻关研究,满足成渝地区双城经济圈湿地保护与可持续利用的需要。二是开展成渝地区双城经济圈湿地科学研究。围绕湿地修复与生态系统调控、流域典型退化湿地生态修复、流域面源污染防控及水库水质保护、湿地合理利用及产品研发,进行联合技术攻关;建立一流的研发平台,加强产学研结合,推动成渝地区双城经济圈和长江上游湿地科学基础研究和应用研究的快速进步和发展。三是加强成渝地区双城经济圈湿地资源的长期生态监测。制定统一的监测标准,建立和完善定位监测系统,开展湿地各要素及湿地生态系统的长期定位监测;利用天、地、生一体化技术,推进湿地生态监测技术水平的提高,为成渝地区双城经济圈湿地保护提供科学支撑。

5.加强成渝地区双城经济圈的湿地综合管理

成渝地区双城经济圈湿地保护与可持续利用需要创新发展模式。在"山—河—湖—海"流域一体化和"山水林田湖草沙"生命共同体理念的思想共识下,科学制定双城经济圈湿地分区、分类、分级保护和绿色发展策略。建立成渝地区双城经济圈湿地联盟,统筹湿地保护、组织联动绿色发展相关工作。进行管理体制的改革,构建起一种纵向与横向相结合的流域治理体制,改变长期以来"九龙治水"的局面。"纵向到底"是指从中央到地方,在成渝地区双城经济圈内长江生态环境保护的思路上保持一致;"横向到边"是指成渝地区双城经济圈内各有关职能部门分工协作、整合协作,形成湿地保护合力。

(四)推进"点绿成金·两山转化"践行计划

绿色发展的核心价值和财富是生态,要向生态要效益。成渝地区双城经济圈应着力践行"两山"论,护美绿水青山,做大金山银山,将"生态资本"切实转化为"富民资本"。要促进生态文明建设与脱贫攻坚有机融合,实现经济转型发展,积极探索"绿水青山就是金山银山"的践行路径。

在实践中推动"两山"理论向现实转化,应重点针对以下三方面:(1)山乡水村原生态建设。通过向生态要效益,创建一批美丽宜居精品村,让原生态养生、国际化休闲成为美丽乡村向美丽经济成功转变的良好局面。(2)新型农村绿色产业发展。通过以模式求取创新,发展现代绿色农业、旅游、健康养生、生物、文化创意等,推动成渝地区双城经济圈新型农村从田园迈向花园。(3)循环农业发展。依托成渝地区现有的特色优势农产品,引进先进的农业生产经营管理模式,发展有机农业,积极推广测土施肥,引导本地农业向现代化、环保化、高质化发展。

(五)构建"川渝联动·联保联建·共建共享"生态屏障惠益机制

在生态修复重建过程中,过去更多地从技术层面考虑问题,缺少与地方政策制度实施和治理体系的有机结合,造成一些政策制度措施落地难、推广慢、实效差等问题。生态恢复重建不仅是技术问题,应该考虑与政策、金融、教育和能力建设同步推进。成渝地区应汇集社会各方力量,肩扛长江上游生态屏障建设的共同责任,共享良好生态环境的最普惠民生福祉。

以共抓大保护、不搞大开发为导向，以生态优先、绿色发展为引领，推动川渝两地协调发展，为筑牢长江上游生态屏障提供新的思路、框架和政策。构建区域规划调控机制、多级合作联席机制和优化完善区域互助机制，健全生态补偿机制，构建协同推进生态文明建设、经济建设、社会建设的重要生态屏障建设体系。

九、生态系统碳汇提升优先行动计划

（一）生态系统碳汇提升目标

为增强良好生态本底的生态系统固碳增汇能力，首先基于遥感和地理信息系统识别不同类型生态系统的分布特征；基于箱法、微气象学法、同位素标记等选取典型样点，进行碳物质组成结构与碳循环交换特征分析；建立不同生态系统固碳增汇评价指标体系，定量评估各生态系统碳汇潜力并进行多尺度、多维度、多类型分析。在此基础上，综合考虑不同生态系统生态资源优势与产业发展特色，以全面优化、提升生态服务功能为目标，以生态环境改善和社会经济发展为共同导向，集成一套可复制、可推广的生态系统固碳增汇模式，建成样板式应用示范地，探索出可行的生态价值实现路径，为实现区域可持续发展、生态文明建设与"双碳"目标实现提供基础数据与技术支撑。

（二）生态系统碳汇提升的实现路径

基于自然的解决方案，综合考虑生态资源优势与产业发展特色，以全面提升市域生态系统碳汇为目标，因地制宜探索兼顾生态效益与经济效益、短期效益与长期效益的固碳增汇型技术。通过调查研究重庆市域各区域及各种类型生态系统的生态环境本底，分析生态资源赋存条件，探明各区域良好生态本底与各类生态系统固碳增汇的耦合关系（图6.10）。根据重庆生态建设的实际情况，开展基于自然的解决方案（NbS）的固碳增汇技术研究，构建基于良好生态本底的固碳增汇技术体系，进行森林生态系统固碳增汇技术与示范建设、草地生态系统固碳增汇技术与示范建设、湿地生态系统固碳增汇技术与示范建设、林—草—湿复合生态系统固碳增汇技术等固碳增汇技术集成及应用示范,研发系列基于良好生态本底的湿地碳汇产品。在此基础上,总结提炼湿地固碳增汇产品价值实现关键技术路径及机制,为实现区域碳中和目标提供湿地碳汇提升能力支撑。

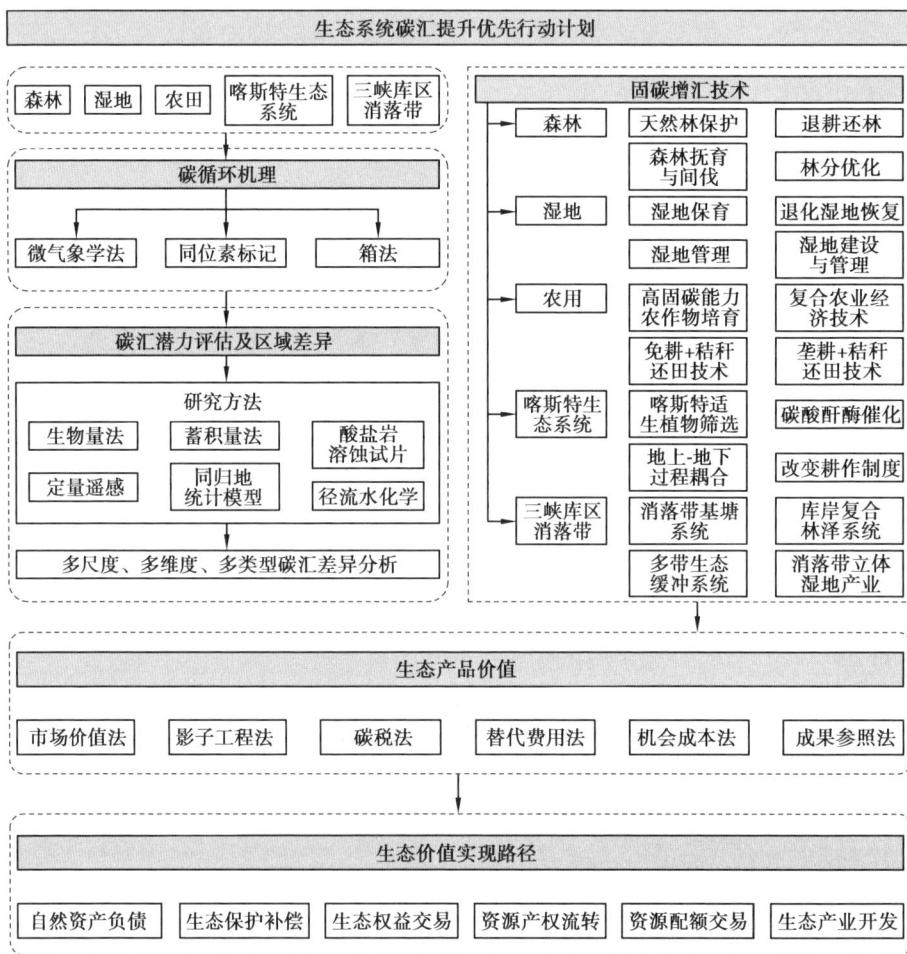

图 6.10　重庆市域生态系统碳汇提升路径

第七章

7

重庆筑牢长江上游重要生态屏障的实践示范

第一节　渝东北大巴山生态屏障建设实践——以城口县为例

一、生态环境及区位分析

城口县位于大巴山南麓,是大巴山中段腹心地带,界于北纬 31°37′~32° 12′,东经 108°15′~109°16′,东北与陕西省镇坪县、平利县、岚皋县、紫阳县接壤;南毗邻本市巫溪县、开州区和四川省宣汉县;西紧邻四川省万源市。全县面积 3 296平方千米,东西长 96 千米,南北宽 66 千米。该区属于大巴山弧形断褶带南缘。从北往南依次是大巴山、牛心山、旗杆山、梆梆梁、八台山。其间是海拔 2 000~2 500 米的群峰,中部旗杆山为南北水系的分水岭。城口县作为秦巴山地的关键生态区域,是川陕渝交界地区的经济、文化和交通枢纽,同时又是重庆的北方门户,区位优势十分明显。城口县地处大巴山腹地,自然条件优越,是汉江、嘉陵江等水系的"水源地",也是渝东北生物物种基因库和重要生态屏障。

二、生态屏障体系建设

对各类型生态系统的分布特征、资源定位、功能重要性等的研究是生态屏障构建的基础,由此明确生态系统保护体系、修复建设体系和支撑保障体系的地域布局和建设内容,从"保护""建设"和"支撑保障"三个层面,构建渝东北生态屏障系统(图 7.1)。

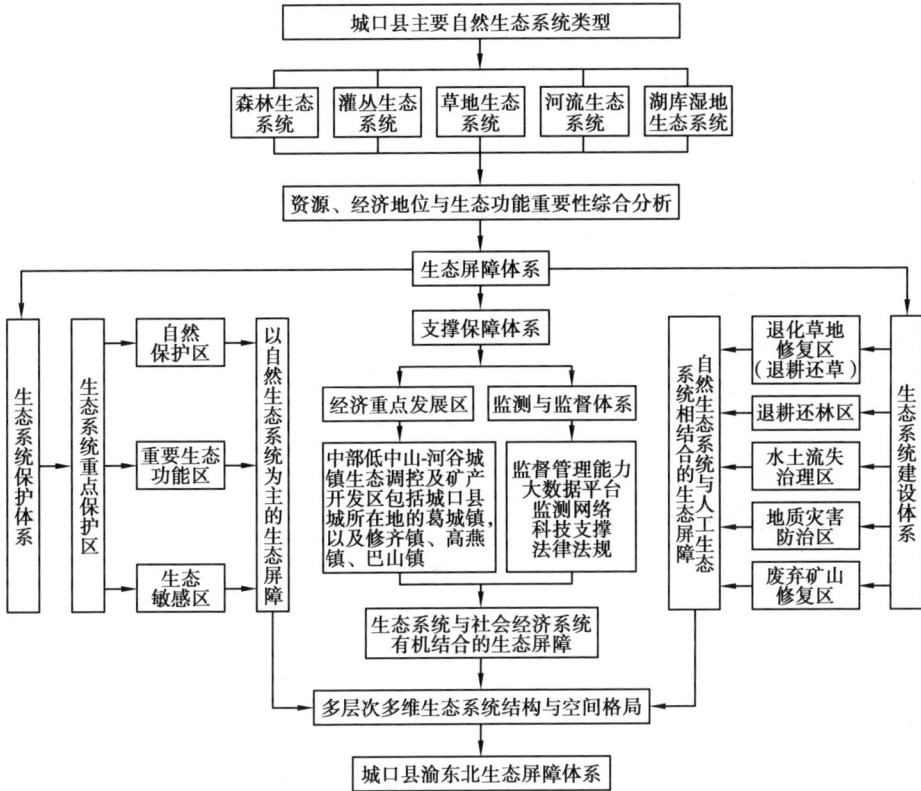

图 7.1　城口县生态屏障体系及其保护与建设构架

(一)生态系统保护体系

构建以自然生态系统保护为主的保护体系,加强自然保护区、重要生态功能区保护,以及生态敏感区内的生物多样性。在此基础上,建立起以天然生态系统为主体的生态屏障。

(二)生态系统修复建设体系

对退化的生态系统展开修复,内容包括退化草地修复区、水土流失治理区、退耕还林(草)区和地质灾害防治区,进行退化草地和退化森林的恢复与重建,退耕还林(草)、水土流失治理以及自然灾害防治等。通过对这些区域进行综合修复,使之形成自然和人工生态系统协同的生态屏障。

（三）生态系统支撑保障体系

支撑保障体系建设保障了保护体系和建设体系的平稳执行与健康发展，主要内容是建立健康的生态系统并建立相应的监管制度。

从城口县主要生态系统类型的角度，可以把县域生态屏障体系划分为森林生态系统生态屏障区、灌丛生态系统生态屏障区、草地生态系统生态屏障区及河流生态系统生态屏障区。

通过上述三个层次和四大生态系统类型的保护建设，最终建成有序多维的生态屏障空间分布，发挥秦巴山区水源涵养重要生态功能区中渝东北生态屏障的重要作用。

三、生态屏障建设经验成效

城口县是生态大县，是长江上游秦巴山区重要生态屏障，更是我国南水北调工程的重要战略水资源储备地。重庆市委、市政府作出"一区两群"统筹发展的重大战略部署，提出渝东北地区三峡水库城镇群的"生态优先，绿色发展"思路，这为城口把握战略定位，找准发展方位，完善发展思路指明了道路。在"一区两群"统筹发展中，城口紧紧围绕市委、市政府提出的"生态优先当示范，绿色发展当标杆"战略目标，深入学习和运用"两山论"，走深走实"两化路"，对生态资源的增值利用进行了探索，为实现生态优先和绿色发展开辟了一条新的道路。

（一）建设宜居生态康养城，探索出重点生态功能区城镇化发展新路子

近年来，城口县加快城镇基础设施建设步伐，持续改善居住环境，营造生态环境和居住环境舒适的宜居城口，促进生产要素和人口的合理集聚，增强城镇辐射功能，努力把城口县建设成为大巴山腹地富有山地特色和巴山民俗风情，充满原生态景观吸引力，宜居宜业宜游的"生态康养城"。

城口县坚定不移地统筹城乡一体化发展，完善城、乡、路的建设，推进城乡融合、产城景融合、三生融合、文旅融合，突出展示自然之美、人文之美和生态之美，传承"山""水""田""城""乡""文"优越本底资源，建设小、精、美、特的大巴

山"生态城"(图7.2)。依托青山绿水的独特优势,将城口县顺势而为建设成融入自然的"小而美"的城市。以自然之美建设县城,把好山好水好风光融入城市,把绿水青山留给居民。如今,走进群山环抱的城口县城,仿佛置身于一幅人与自然和谐共生的画卷。

图7.2　城口县大巴山特色生态城

(二)着力构建生态经济体系,建成渝东北生态经济高地

建设渝东北重要生态功能区,经济是基础,首要任务是让人民乐业。因此,构建生态经济体系是建设生态屏障的核心任务。按照"一产优化、二产提高、三产突破"的思路,推动生态资源的合理开发与利用,围绕占领川陕渝接合部县域生态经济发展的制高点,坚持"生态为本,特色为魂"的发展路径,坚持走深走实"生态产业化,产业生态化"的路子。

1.着力构建农文旅融合的生态经济体系

农文旅融合是城口的最大潜力。目前,城口县以"农文旅融合"为中心,已经形成了特色效益农业、特色农林产品深加工的绿色产业、生态旅游支持的生态经济系统。牢固树立"生态+"理念,构筑"+生态"系统,以深化农、旅融合为重点,对产业结构和产品结构进行优化,发展健康经济、休闲经济、美丽经济,建立生态经济体系。

2.坚持"农业围绕旅游转"

提高山区特色高效农业的质量,构建"山上中药材、林下山地鸡,坡上核桃树、中蜂百花蜜,香菌巴掌田、杂粮鸡窝地,火炕老腊肉、冷水生态鱼"多维立体产业格局,推广当地农产品,发展旅游业。坚持"工业围绕旅游转",积极开展农林产品深加工、功能性食品开发,培育文化创意产业,形成"接二连三"的产业链条,使农林产品真正成为康养商品、观光商品。城口县依托良好的生态环境,通过重新构建利益联结机制,唤醒了沉睡的青山,使山区呈现出新的面貌。在大巴山腹地的东安乡、河鱼乡、岚天乡、巴山镇等乡镇,大力发展森林旅游、特色民宿和避暑休闲旅游,目前城口县"大巴山森林人家"超过1 800家,极大地提高了当地农民的收入,有效保护了生态环境。

3.发展中药材产业,建成大巴山药谷

大巴山区是国家中药资源最丰富、国家中药材原料核心产区之一,药材品种多、产量大、品质好。城口境内有药用价值中草药3 800余种,可供开发利用的中药材1 000余种,被称作"大巴山生态药谷"。近年来,全县大力发展龙头企业,建立了"龙头企业+村集体经济组织+农户"的生产组织方式,使其发展壮大并形成了鲜明的特色优势。截至2023年,全县中药材种植面积达到38万亩,年产量超过10万吨,产值超过10亿元。

(三)坚持山水林田湖草系统治理,促进全域生态保护修复

保护生态环境就是保护生产力,良好的生态就是最普惠的民生,保护生态是城口最大的责任。城口县积极推进生态资源价值转化,深化"生态抓共建、环境抓共保、污染抓共治"观念,让生态环境密上加密,好上加好,美上加美,使"生态雪球"越来越大。城口以山水林田湖草系统治理观点,建设好县域内的各类自然保护地如大巴山国家级自然保护区、九重山国家森林公园、巴山湖国家湿地公园等,强化生物多样性保护和区域生态涵养保护与恢复,守山、治水、育林、管田、净湖、护草,保护好、坚守好"九山半水半分田"。近年来,城口县既履行好

生态之责,筑牢长江上游重要生态屏障,又加快积累生态之财,不断壮大生态资源体量。

第二节　渝东南武陵山生态屏障建设实践——以石柱土家族自治县为例

一、生态环境及区位分析

重庆市石柱土家族自治县所处的武陵山区是中国生物多样性丰富的关键区域,被《全国生态功能区划》划入 50 个具有国家生态安全意义的重要生态功能区,即"武陵山山地生物多样性保护重要功能区"。石柱土家族自治县地势东南高、西北低,地貌以中、低山为主。在县境中北部,沿"鱼池—黄水—冷水"一线将方斗山和七曜山联系起来,形成一道天然的南北分水岭。以黄水镇为中心向周围辐射形成"土"字形的黄水山原,海拔为 1 500 米左右。武陵山区属亚热带季风湿润气候区,年平均气温 16.5 ℃,年均降雨量 1 109.0 毫米,年均日照 1 333.3 小时。土壤以冷沙黄土、山地黄棕壤、灰棕紫壤以及矿了黄壤为主。石柱土家族自治县境内以龙河水系为主,龙河为长江右岸一级支流,发源于石柱土家族自治县冷水镇,在丰都县双路镇葫芦溪口注入长江。石柱土家族自治县处于中国—日本和中国—喜马拉雅植物区系交会处、东洋界和古北界动物区系交会处,生物区系成分极为丰富多样,具有交会与过渡性,所处的渝东—鄂西地区是中国 17 个生物多样性关键区域之一。

石柱土家族自治县地处武陵山山地生物多样性保护重点功能区,林草覆盖率较高,区内长江的一级支流磨刀溪、龙河均发源于此区,水系发育,支流密布,水质良好。地处低纬度和具有以石灰岩为主的复杂多样地形的"渝东—鄂西"地区,是全球著名的"生物避难所",也是中国三大特有现象中心之一的"渝东—鄂西特有现象中心",聚集了不少形态上原始、分类上孤立的古老孑遗和我国特产的珍稀动植物种类,生物多样性极为丰富,是中国生物多样性保护的关键地区之一,具有极为重要的生物安全战略意义。

石柱土家族自治县以中、低山林区为主体,风景优美、生物资源丰富,在生态系统中发挥着十分重要的作用。武陵山地生物资源与景观资源的多样性、丰富性与独特性构成了该地区特有的生态区位优势,为多元生态产业发展奠定了坚实基础,对维护武陵山区的生态安全具有重大的现实意义。

二、生态屏障体系建设

石柱土家族自治县在推进生态屏障体系建设中,围绕武陵山山地生物多样性保护重点生态功能区的主导生态功能,即生物多样性保护、水源涵养、水文调蓄,以及辅助功能即水土保持、石漠化治理和地质灾害防治,构建了由林—草生态屏障、山地生态系统保护屏障、水源涵养生态屏障、水土保持生态屏障、石漠化治理生态屏障组成的山地生态屏障体系(图7.3)。

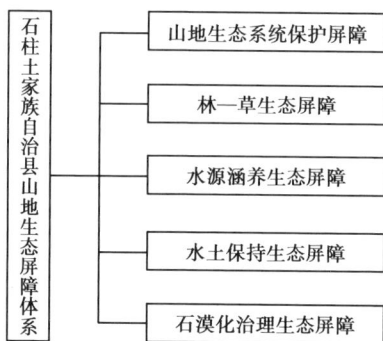

图 7.3　石柱土家族自治县生态屏障体系图

三、生态屏障建设经验及成效

(一)建成渝东南山地生态产业集群

近年来,石柱土家族自治县大力推进以山地"农—林—湿"复合生态产业为核心的武陵山区山地生态产业集群建设(图7.4),发展多功能、多效益的生态农业、生态林业以及农—林复合共生型产业、山地湿地产业、生态产品加工业、山地生态旅游业、山地生态休闲康养产业。

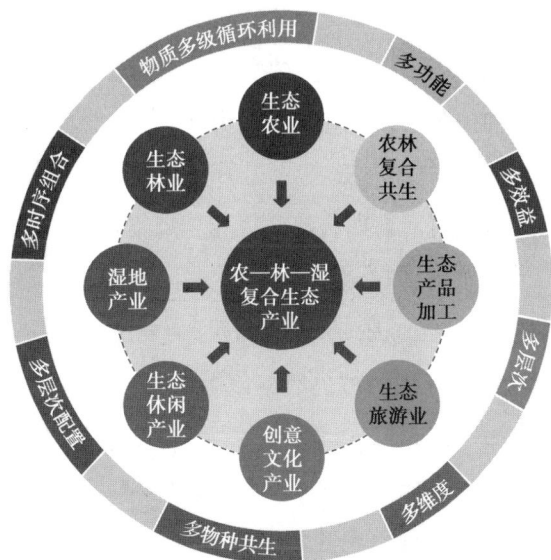

图 7.4　石柱土家族自治县山地生态产业集群

基于县域山地地形特点及林—草—湿资源禀赋,发展沿等高线分布的生态防护林—果林—山地梯田的山地农—林—果复合生态产业;发展林—药套种、林—菌套种、林—菜间种、林—茶混种、林—果药复合种植的多物种共栖、多层次配置、多时序组合、物质多级循环利用的生态产业体系;以藤子沟国家湿地公园为核心,发展湿地生态旅游,开展乡村生态旅游;打造独具特色的"乡村民宿+"模式,将乡村民宿与乡村生态产业、乡村湿地保护修复、乡村自然教育有机融合;利用中益—黄水—桥头黄金三角的地理位置优势,完善基础设施,打造"学在中益,住在黄水,游在桥头"的生态旅游和休闲高地。

石柱土家族自治县被誉为中国的黄连之乡、中国辣椒之乡、中国莼菜基地。以辣椒为代表的调味品、以中药为代表的传统草药和以莼菜为代表的果蔬,形成了"辣椒红""黄连黄"和"莼菜绿""三色"经济。石柱土家族自治县积极推进农业和第二、三产业的深度结合,初步建立了以大康养为核心的山区特色高效农业、绿色生态产业和健康休闲旅游等特色产业。2023年，石柱全县农业总产值为60.45亿元，同比增长5.3个百分点。"三色"产业中，黄连年产3 000多吨，产量占全国60%以上，占全球50%以上综合年产值12.8亿元以上；年生产椒八万多吨，综合产值6.5亿元，已初步建立起一条完整的辣椒科研、生产、加工和销售产业链；全县种植莼菜面积达1.4万亩，综合产值3.5亿元，是全国有机莼菜生产示范基地。

近年来，石柱土家族自治县加快建设康养全域格局，全力发展康养经济，以康养旅游为重点，大力发展乡村旅游，助力乡村振兴。石柱土家族自治县依托丰富的生态旅游资源，以"全域康养、绿色崛起"为发展主题，进行全域范围内的"绿水青山"资源整合，合理规划特色康养旅游线路，科学开发绿色生态旅游资源，坚持把绿色作为经济社会发展的底色，走出了一条保护生态与发展生产同频共振、环境与财富同步之路。石柱黄水镇拥有5 000亩高山湖泊，森林覆盖率达80%以上，是游客们眼中的避暑胜地。黄水镇扎根土家文化，将自然风景和民风民俗有机结合，吸引全国各地的游客纷至沓来，如今已然是石柱康养旅游产业的支柱。2021年，石柱康养经济增加值占GDP比重达到51%。预计到2027年，全县康养经济增加值占GDP比重将达到55%，带动全县地区生产总值达到350亿元。

（二）严守生态保护红线，筑牢绿色生态本底

石柱土家族自治县境内峰坝交错、沟壑纵横，特别是方斗、七曜两条山脉横亘县境，虽在很长时间里限制了石柱发展，但全县63.2%的森林覆盖率却成为一份珍贵的"生态礼物"。面对这样的自然条件，石柱土家族自治县在生态保护基础上，坚持走生态绿色发展道路，紧紧守住这道绿色生态屏障。

石柱土家族自治县划定301万亩林地和215万亩森林为生态红线，通过建立和完善严格的管控体系，进行常态化管控和监护，确保生态功能不降低、面积不减少、边界不突破。以"保护自然、享受自然、传承自然"为宗旨，紧紧围绕生态林业、民生林业发展主线，大力开展生态修复和资源保护工作；以"增绿、增值、增效"为目标，以巩固存量、拓展增量、提升质量为抓手，大力推进国土绿化

提升行动,加大生态修复力度,为构建健康稳定的森林生态系统打下了良好基础。石柱土家族自治县荣获全国造林绿化"百佳县""全国绿化模范县""全国康养60强县""中国康养美食之乡""中国天然氧吧""中国(重庆)气候旅游目的地"及"国家森林康养基地"等称号,2022年获评为重庆市生态文明建设示范县。

(三)加强环境综合治理,共护一片蓝天绿地

近年来,石柱土家族自治县在推进生态屏障建设中,深学笃用习近平生态文明思想,切实增强"上游意识",履行"上游责任",争创"上游水平",深入推进"蓝天、碧水、宁静、绿地、田园""五大环保"行动,在开发建设中保护自然生态,在环境治理中谋求永续发展,一切只为让天更蓝、水更清、空气更清新,努力把石柱建成山清水秀美丽之地。石柱土家族自治县持续推进"河长制",系统强化水污染防治工作。全县29条主河流、602条支流、38座水库全部明确管护责任单位和责任人,有效实行网格化管理;开展城市饮用水源保护专项行动,开展县城污水处理厂提标改造工程,完成乡镇污水处理设施建设,实现了全县乡镇污水处理全覆盖。

(四)将生态人居建设与生态治理有机结合,建设生态宜居美丽乡村

通过维持石柱土家族自治县优良的生态环境质量,提升"林—草—湿"一体化优良生态本底品质,推进以"山—水—林—田—居"为基本单元的人居环境建设,打造山地生态部落和湿地人家。全面推进乡村农业绿色发展,加强农村场镇人居环境改善、自然村落人居环境改善,建成桥头生态文明镇及一系列生态文明村。通过山地生态修复,全面优化人居环境质量,建成融产业、风景、人居、文化于一体的山地人居环境系统。

石柱土家族自治县山地人居聚落空间相对分散,与生产性果林田地、自然山体、水系相互依存,"山—水—林—田—居"各要素在空间上相互联系,在功能上相互关联,成为武陵山区特色人居模式。通过维持优良的生态环境质量,提升"林—草—湿"一体化的乡村人居环境质量,大力推进以"山—水—林—田—居"为基本单元的人居环境建设,持续优化乡村人居环境质量,为各种乡野动植物提供良好的栖息地,保护和提升乡村生物多样性(图7.5)。

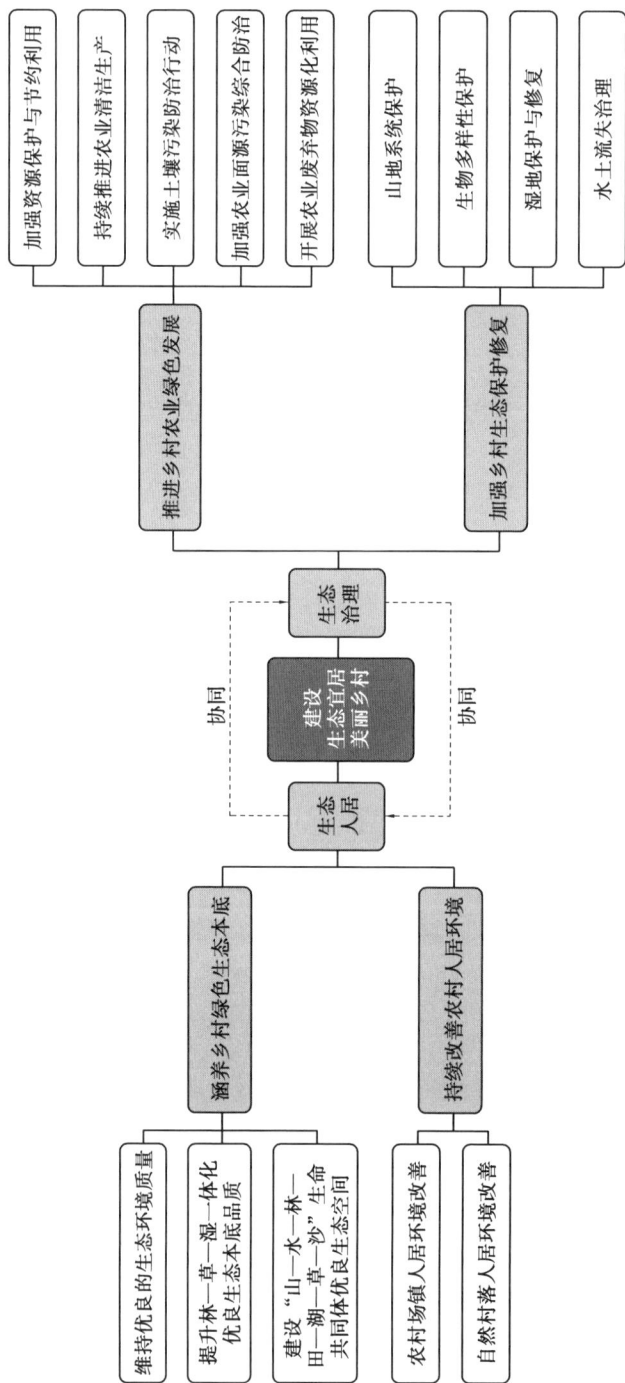

图7.5 融生态人居建设和生态治理于一体的生态宜居美丽乡村建设框图

（五）发展山地湿地农业，走深走实"两化路"

地处黄水山原的石柱土家族自治县黄水镇和冷水镇等乡镇是国家一级保护植物水杉（*Metasequoia glyptostroboides*）野生植株分布地。该区域水田广布，大多数为冷浸田，过去一直以水稻种植为主。近年来，大量农民外出打工后，劳动力缺乏，该区域大面积水田被荒弃。1986 年，石柱农民从湖北利川带回莼菜种子，进行小面积试种获得成功，但仅仅在该县黄水镇和冷水镇一带零星种植。当地政府因势利导，充分利用这些水质良好的水田资源优势，在黄水山原区域发展以莼菜为核心的山地湿地农业。莼菜为国家二级保护植物，是多年生宿根性水生植物，其生长对水质要求较高，喜洁净的水体。莼菜嫩叶可供食用，为珍贵水生蔬菜，具有药食两用的保健功效。

石柱土家族自治县黄水镇和冷水镇等乡镇的水田适宜种植莼菜，在被荒弃的水田里广泛种植。种植莼菜后，采取近自然管理方式，不施肥，不使用农药和杀虫剂。每年 4 月下旬至 10 月下旬，当地农民于收获时节采摘带有卷叶的嫩梢，每半个月采收一次。调查表明，莼菜田产量可达 24 000 千克/公顷，按市场均价 4 元/kg，则莼菜收入超过 90 000 元/公顷。

现在，石柱土家族自治县在黄水镇、冷水镇、沙子镇、枫木镇、洗新乡、鱼池镇、悦崃镇、三星乡、石家乡、下路街道总共建设了 13 096 亩莼菜基地，产量占全国总产量 60% 以上。石柱土家族自治县成为世界上规模最大的莼菜生产区，被中国绿色食品发展中心批准为全国有机农业示范基地，并获得无公害产品和产地认定。

由于莼菜种植投入少、成本低、效益高，当地村民种植热情很高。如今，当地采取"村委会+专业合作社+基地+农户"模式，大力发展以莼菜为核心的山地湿地农业，带领村民发财致富。目前，石柱土家族自治县已成为国内最大的莼菜生产出口基地，莼菜已逐渐突破初级产品生产、出口销售的局面，正在向着精深加工方向发展。现在，当地莼菜加工企业已成功引进莼菜酵素、莼菜香皂、莼菜茶叶、莼菜透明皂等莼菜深加工产品技术，开发出即食莼菜、鲜食莼菜梗、莼菜饮料等新产品。

更为可喜的是,莼菜种植对水质要求高,但种植和管理过程中不施肥,不使用农药和杀虫剂。因此,在获得莼菜丰产的同时,莼菜田中的湿地生物多样性得到很好的恢复,水生植物和水生动物多样性大大提高。这种山地湿地农业模式从真正意义上实现了以湿地生物多样性兴山、以湿地生物多样性富山,将湿地农业产业发展与生物多样性保护有机融合在一起。石柱土家族自治县利用莼菜和黄连优势,根据各植物的生长习性,发展"莼菜—黄连—厚朴"山地共生型农—林—湿复合产业(图7.6)。

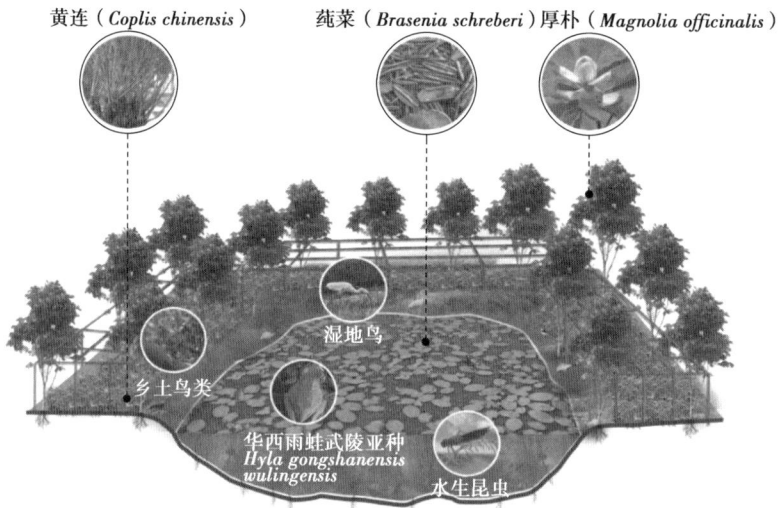

图 7.6　石柱土家族自治县"莼菜—黄连—厚朴"山地共生型"农—林—湿"复合产业

利用县域地形条件和"林—草—湿"一体化的生态本底,以"黄连—厚朴"复层混交群落围合莼菜田,形成"莼菜—黄连—厚朴"的"农—林—湿"复合产业模式。黄连生长需要遮阴,将厚朴树稀疏种植在黄连地周边,在厚朴树之间以藤条拉网搭建遮阴的枯树枝网,莼菜田的水湿条件则为黄连地改善局地微气候;野生莼菜是国家二级保护植物,人工栽种的莼菜是优良的食用植物;野生厚朴是国家二级保护植物,人工栽种的厚朴是道地中药材;由此形成协同共生的农—林—湿立体产业系统,不仅使莼菜、厚朴等珍稀植物得到良好保护,其优良的生态环境还为众多陆栖及湿地动植物提供了栖息及繁殖场所。在莼菜田里，分布有华西雨蛙武陵亚种、各种小型鱼类及水生昆虫等，黄连、厚朴与莼菜田形成的立体生态空间也是许多鸟类喜好的栖息场所。"莼菜—黄连—厚朴"农—林—湿模式既是独具特色的山地立体生态产业，也是重要的山地生物多样性保育单元，是山地生物多样性保护的可持续路径。

第三节　三峡库区生态屏障建设实践——以开州区为例

一、生态环境及区位分析

开州区地处重庆市东北部，大巴山麓、三峡库区腹地，三峡库区小江支流回水末端，介于北纬30°49′30″—31°41′30″、东经107°55′48″—108°54′之间。辖区面积3 959平方千米，辖26个镇、8个街道、5个乡。西邻四川省开江县，北依大巴山接城口县和四川省宣汉县，东毗云阳县和巫溪县，南近长江，邻万州区。境内地势由东北向西南逐渐降低，有山地（63%）、丘陵（31%）、平坝（6%）三种地貌，大体是"六山三丘一分坝"。北部属大巴山南坡的深丘中山山地，海拔多在1 000米以上，重峦叠嶂，地势高峻，最高处雪宝山镇一字梁横猪槽主峰海拔2 626米。三里河谷沿岸海拔较低，最低处为南部渠口镇崇福村界云阳小江水面处，相对高差2 492米。沿河零星块状平坝，地势开阔，土层深厚，是稻、油和经济林木主产区。

开州区境内三条主要河流分别为江里河（南河）、东河（东里河）、浦里河。江里河位于汉丰湖西段，东里河由汉丰坝的旧址老关咀汇入，在老关咀之下的澎溪河则由老关咀汇入。澎溪河和浦里河在渠口交汇后称为小江。为控制洪水，三峡水库在汛期保持145米水位，在汛期后10月开始蓄水，水位逐渐上升到 175 米。每年 5 月末降至枯期最低消落水位 145 米。开州区土地资源丰富,土壤类型众多,主要有水稻土、紫色土、黄壤土、黄棕壤、山地棕壤、石灰岩土等 7 个土类,10 个亚类,20 个土属,68 个土种。

二、生态屏障体系建设

开州区在建设生态屏障体系过程中,围绕秦巴山区水源涵养重点生态功能区和三峡库区土壤保持重点生态功能区的主导生态功能,即生物多样性保护、水源涵养、水文调蓄、土壤保持,以及辅助功能——水土保持和地质灾害防治,构建了由山地生态系统保护屏障、水源涵养生态屏障、林—草生态屏障、三峡库区消落带以及库岸生态屏障、水土保持生态屏障、地质灾害防治生态屏障组成的复合生态屏障体系(图 7.7)。

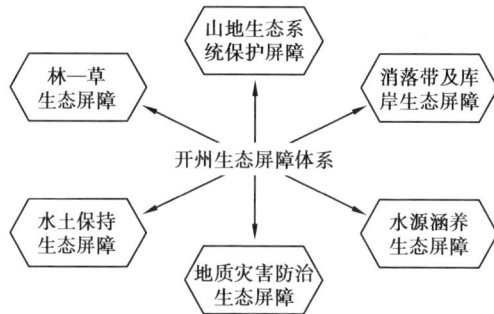

图 7.7　开州区生态屏障体系建设框架

三、生态屏障建设的经验及成效

(一)实施生态系统治理,让三峡库区腹心的澎溪河、汉丰湖水清岸绿

为加强三峡库区生态屏障建设,开州区通过"增绿+治污+禁捕"的综合措施,开展"山水林田湖草"系统治理。位于三峡库区腹心的澎溪河、汉丰湖生态环境持续改善,"山清水秀美丽之地"的美好愿景逐渐成为现实。开州区对汉丰湖、澎溪河开州段流域实施"湿地生态、滨湖景观、库岸生态、湿地基塘"等一系

列生态工程建设,不仅保护、修复了消落区生态系统,还形成了独具滨湖特色的湿地之城、生态之地、宜居之都。近年来,开州区坚定不移走"生态优先,绿色发展"之路,加快推进汉丰湖生态环境的治理与保护,守好汉丰湖一湖碧水,打造山水公园城市,探索文旅融合新路子,激活生态红利,成为践行"两山论"的生动样本。如今的汉丰湖四面环山,与滨湖新城交相辉映,串联起滨湖湿地、风雨廊桥、开州举子园、刘伯承故居等自然与人文景观,以千姿百态的美托举起开州"一城山色半城湖"的城市名片。汉丰湖先后被评为国家湿地公园、国家级水利风景区、国家 4A 级旅游景区,入选"新三峡十大旅游新景观",已成为三峡旅游深度体验的休闲胜地。

(二)破题"消落带之困",创新构建库周立体生态屏障

开州区的消落带治理和生态保护是"绿水青山就是金山银山"发展理念的生动实践。开州位于长江一级支流澎溪河的回水末端,三峡水库蓄水后,开州是库区消落面积最大的区县,面积达 42.78 平方千米,占三峡水库消落带总面积的 12.26%。开州区委、区政府通过创新"因地制宜"的方式,探索出一条行之有效的消落区生态修复途径,解决了这一全球性难题,对三峡库区及国内外大型水利工程建设的生态保护修复具有重要的借鉴意义。

开州区始终将保护好长江的生态环境作为重中之重,紧紧围绕"共抓大保护、不搞大开发"这一重大战略方向,以消落区环境净化、景观美化和生物多样性保护为目标,对消落区的生态修复与管理进行了积极探索。开州区主动寻求三峡水库生态屏障与消落区恢复的科学技术支持,与消落区生态修复与治理研究团队合作,运用湿地生态学、生态工程学理论,在澎溪河、汉丰湖等不同类型的消落区开展一系列的生态工程,即基塘工程、林泽工程、鸟类生境重建工程、多带多功能生态缓冲系统工程。

1.融汇农业文化遗产的消落带基塘工程

三峡水库坡度小于 15°的缓平消落带(湖北省秭归县的香溪河、重庆开州区澎溪河、忠县东溪河、丰都县丰稳坝等)面积达 204.59 平方千米,占消落带总面

积的 66.79%。针对水位变化特点及底质状况，充分利用消落带冬季淹没、夏季出露，且出露期正是植物生长的水热同期特点，借鉴珠江三角洲"桑基鱼塘"传统农业文化遗产的生态智慧，在具有季节性水位变动的消落带，设计并实施消落带基塘工程。在澎溪河白夹溪老土地湾、大浪坝、渠口坝、汉丰湖石龙船大桥两岸、头道河口等区域，在坡面上结合原有地形，设计并开挖基塘，基塘大小、形状由坡面具体地形决定，塘的大小从十余平方米到数十平方米不等，塘基宽度为 50~80 厘米，塘的深浅为 80~200 厘米。在塘内种植耐深水淹没的湿地植物，包括菱角、荷花、慈姑、荸荠、水生美人蕉、茭白等(图 7.8)。这些湿地植物具有适应水位变化、耐冬季深水淹没的特点，同时具有污染净化功能、景观观赏价值、经济利用价值。植物生长季节结束正值三峡水库开始蓄水，收割后能够进行经济利用，避免了冬季淹没在水下厌氧分解的碳排放及二次污染。

图 7.8　澎溪河、汉丰湖消落带多功能基塘

(左图:冬季消落带基塘淹没水下;右图:夏季出露的消落带基塘)

2.适应动态水位变化的消落带林泽工程

林泽工程是在冬水夏陆胁迫下，选择和栽植耐涝性强的乔木和灌木，形成耐淹的植被群落。依据三峡水库水位变化规律，结合高程、地形、土壤等因素，在 165~175 米高程建立了 10 余米的生态屏障。根据前期调查结果，重点在海拔 165~175 米的消落带栽种耐水淹乔木和灌木，形成冬水夏陆逆境下的林木群落——消落带林泽系统。主要耐淹木本植物包括池杉、落羽杉、乌桕、杨树等乔木及秋华柳、小梾木、中华蚊母等灌木。复合林泽的模式包括耐水淹乔木混交模式(耐水淹针叶树与阔叶树混交)、耐水淹乔木+灌木模式、耐水淹乔木+灌木+草本植物模式、"林泽+基塘"复合系统、多带多功能缓冲系统。自2009年开始，在澎溪河白夹溪、大浪坝、渠口坝、张家坝、汉丰湖乌杨坝、芙蓉坝、头道河河口等区域实施林泽工程。同时，在澎溪河大浪坝、汉丰湖头道河口、芙蓉坝等区域将基塘与林泽有机结合，在塘基上种植耐水淹乔木和灌木，形成"林泽+基塘"复合系统。

在反季节的水淹—干旱胁迫环境下，如何找到适宜的植物，一直是研究的难点。经过多年的实验和验证，成功筛选了20多种草本植物和10多种木本植物，这些植物在消落带发挥了较高的生态防护、生态缓冲、景观美化和固碳等作用。2013年，开州在汉丰湖北侧的乌杨坝开展了一项占地190多亩的消落带林泽工程，种植了落羽杉、水松、秋华柳、乌桕等耐淹性强的乔灌植物20多万棵，存活率超过90%。这些耐水淹的树木具有丰富的季相变化，形成了美丽的"水上五彩森林"（图7.9）。

图7.9　三峡水库汉丰湖水上五彩林泽（冬季淹没期）

汉丰湖"基塘""林泽"等项目的顺利开展，突破了困扰多年的消落带生态修复的技术瓶颈，不仅实现了"水质净化"和"非点源污染防治"的双重功能，更使汉丰湖成了鸟类的生命乐园。为进一步丰富汉丰湖、澎溪河流域的生物多样性，开州在消落区实施了鸟类生境重建工程，营建了丰富的池塘、洼地等湿地，为鸟类提供栖息的场所。

3.遵循自然法则的消落带鸟类生境工程

针对夏季繁殖湿地鸟和冬季越冬水鸟，选择三峡水库澎溪河干流、白夹溪下游及河口段、澎溪河大浪坝、汉丰湖乌杨坝、东河河口等区域,遵循自然法则,应用鸟类生境适应性理论、河流—湿地复合体理论及岛屿生物地理学理论,实施消落带鸟类生境设计与建设工程。自 2009 年以来,在澎溪河、汉丰湖,进行了不同生境(如水塘、沟渠、洼地)的营造,以及河流水系的连通、微地形及底质改良、优化植物配置、鸟类庇护林建设等。自 2009 年实施消落带鸟类生境设计与建设工程以来,已形成良好的鸟类生境结构,为夏季繁殖的湿地鸟类提供了优越的栖息和繁殖生境,为冬季越冬水鸟提供了良好的栖息和觅食空间。

三峡水库冬季 175 米蓄水后,高水位导致鸟类缺少停歇、觅食的浅滩和岛屿栖息地。为了解决这个难题,开州区在汉丰湖上进行了鸟岛的营建,在岛上种植了火棘、桑树、乌桕、巴茅等多种乔灌和植物,满足鸟类的多元需求。

消落带鸟类生境工程实施后,修复区内的鸟类在种类数和种群数量两个指标上增加明显,夏季更多的鸟在此停留和繁殖。在该区域多次发现营巢的猛禽,说明该区域鸟类食物链明显改善和优化、环境质量持续提高。现在,每年来此栖息的鸟类有 200 余种、2 万余只。基于鸟类生境适应性理论及河流—湿地复合体理论建立的消落带鸟类生境工程,在经历最初阶段对季节性水位变化的适应后,正在发挥系统的自我设计功能,不断向着结构优化、功能高效的方向发展。

4.消落带多带多功能缓冲系统工程

针对消落带水位变化,根据高程、地形、底质特征和水位变动,植物群落结构设计采取分带、分段和分层设计,构建沿高程分布的复合混交植物群落,营建多带多功能缓冲系统工程。165 米高程以下草本植物采取自然恢复策略。165～175 米高程的复合林泽以乌桕、杨树、落羽杉、池杉、中山杉混交的乔木群落为主,形成高大复层结构,在林泽带内设计林窗、凹道、洼地、浅水塘等小微结构,增加环境空间异质性,为不同种类的无脊椎动物、鱼类、鸟类提供栖息生境。为提升群落多样性以及群落结构稳定性,采取多种类植物交错镶嵌生长以及拟自然植物群落的垂直格局。在复合林泽带构建"乔—灌—草"复层混交群落。高大乔木与灌木、草本植物合理搭配,满足不同层次植物生长所需的光热条件,同时也为在不同层次活动、觅食的昆虫、鸟类提供生态位。

消落带多功能缓冲系统设计主要包括:(1)污染净化及雨洪控制,形成一个"净—蓄—控"有机结合的污染净化及雨洪控制植被结构界面,发挥拦截、净化地表径流的作用,同时具有蓄、滞、缓、渗等雨洪控制功能;(2)库岸稳定及水土保持,通过沿不同高程地形、底质及植物群落的复合设计,形成良好的"复合基底+植物群落"生态缓冲结构,发挥稳定河/库岸和保持水土的功能;(3)生物多样性提升功能,综合考虑各生物物种类群,与高程、地形、地质、水文及水位变化相结合,从生物物种多样性、生境类型多样性等方面进行设计,满足多样化生物物种的生存需求;(4)景观美化优化功能,通过对河/库岸界面的立体结构设计、不同层次和季相色彩植物群落配置以及不同季节鸟类的活动,形成具有动态美感的河/库岸界面景观。

在汉丰湖的环湖消落带设计了从海拔高程145～175米林泽+基塘复合系统—175～180米环湖/库小微湿地群—180～185米野花草甸的多维湿地系统,重点在汉丰湖芙蓉坝、澎溪河白夹溪管护站前实施消落带及滨水区多维湿地系统建设。其中,汉丰湖南岸芙蓉坝的多维湿地于2011年设计实施,在芙蓉坝海拔160～175米消落带构建多功能基塘系统,塘基上栽种耐水淹木本植物,包括中山杉、池杉、落羽杉等耐水淹乔木。2015年在175～178米高程设计并营建环湖小微湿地群,由此形成"环湖小微湿地+林泽-基塘"复合生态系统,沿海拔高程自上而下,从消落带以上的滨水空间至消落带下部形成一个多功能的多维湿地生态系统。

(三)消落带修复治理效益明显,树立应对水位变化的湿地修复创新样板

自2006年三峡水库156米蓄水形成消落带新生湿地以来,开州区委、区政府正视消落带可能存在的生态环境问题(库岸稳定性、生物多样性变化、面源污染物质在消落带的阻滞转化等),充分利用消落带新生湿地带来的生态机遇,开展保护、恢复与利用的实践探索。在澎溪河流域干支流消落带湿地开展保护、恢复重建及生态友好型利用的大胆探索和创新,将保护、恢复与利用有机结合,以生态学原理指导湿地保护,以生态工程方法开展湿地恢复,以生态友好型利用法则指导湿地利用,摸索出一条应对水位变化的三峡水库消落带保护与修复治理的可持续之路。

在澎溪河、汉丰湖消落带修复治理中,所筛选的耐水淹植物,无论是乔木、灌木还是草本植物,经过多年的水淹考验,植物的生长形态、繁殖状况、物候变化等均表现出对季节性水位变化的良好适应。尤其是池杉、落雨杉、中山杉、乌桕、杨树、柳树等耐水淹乔木和秋华柳、小梾木等灌木,经历多年的冬季深水淹没的影响,表现出优良的适生性。澎溪河、汉丰湖消落带实施生态修复治理后,入库面源污染负荷得以有效削减。消落带种植的耐水淹乔、灌木经历多年季节性水位变动和冬季水淹,存活状况良好,群落结构稳定,生物多样性提升效果明显。2021年汉丰湖消落带生态修复被列入重庆市首批"十大生态修复案例",重庆大学领衔的汉丰湖乌杨坝生态修复项目获得国际风景园林师联合会(IFLA)2022年度亚太地区景观设计银奖。

(四)消落区治理与人居环境建设协同,汉丰湖成为让人民群众共享的绿意空间

近年来,开州区坚持生态优先、绿色发展之路,守好汉丰湖一湖碧水,筑牢三峡库区生态屏障。重点在强力治理水环境、大力修复生态屏障上下功夫,完成基塘工程、林泽工程、鸟类生境工程、多带多功能生态缓冲系统等"四大工程"建设。

开州区澎溪河、汉丰湖消落带生态系统修复,除注重耐水淹植物筛选和环境污染防控外,更注重生态服务功能的全面优化提升,将消落带生态系统与滨水空间的景观美化优化协同,促进消落带生态修复与滨水空间景观建设和人居环境质量优化协同共生,形成人与自然和谐共生的美丽湿地景观,实现生态与艺术的交相辉映。目前,澎溪河湿地市级自然保护区和汉丰湖国家湿地公园的消落带景观品质优良,成为开州城乡居民良好的休闲区域。保障移民的稳定生

活及优化其人居环境质量是三峡库区社会稳定的重要内容。目前,消落带生态修复及景观优化的生态实践已成为稳定移民的重要手段,生活在汉丰湖畔的城乡居民感受到优美生态环境质量带来的幸福感。汉丰湖已成为三峡库区深度体验的旅游休闲胜地,2016年入选新三峡十大旅游新景观、重庆最受游客喜爱十大景区,2017年入选寻找重庆新名片全媒体行动"十大旅游名片",2021年汉丰湖入选重庆市首届生态保护修复十大案例,2023年汉丰湖入选全国第二批美丽河湖优秀案例。2023年,共接待游客335余万人次,旅游综合收入20.15亿元。开州作为三峡库区腹心的城市,在人与自然和谐共生的生态修复实践中,不仅守护了绿水青山,也收获了金山银山。

第四节　渝东北乡村生态屏障建设实践——以梁平区为例

一、生态环境及区位分析

梁平区位于重庆市东北部、长江一级支流龙溪河的发源地,是长江上游重要生态屏障组成部分。梁平辖区面积1 892平方千米,地质构造、地层分布与岩石和水文综合作用塑造了梁平"三山五岭,两槽一坝,丘陵起伏,六水外流"的独特地理格局。"三山"中间有很多高低起伏的小丘,其中东南部、东北部是深丘,而中部、西北部则是浅丘。区内三山五岭孕育龙溪河等六大流域、408条河流、72个湖库,以及广布乡村区域的塘、渠、沟、堰、井、泉、溪小微湿地网络,与临水而建的梁平城区和逐水而居的梁平人民,在全域境内相融相依、协同共生,绘就一幅"山水林田湖草城,梁平生命共同体"的全域湿地画卷。汇集山水人文精华的梁平城区,依山傍湖,河溪蜿蜒,自古以来便是一座与湿地协同共生的湿地之城。

二、生态屏障体系建设

梁平区位于三峡库区土壤保持重点生态功能区、三峡库区长江干流左岸一级支流龙溪河源头,有大面积丘陵平坝和80余万亩水稻田。结合生态区位、生态环境状况及资源禀赋,梁平区重点针对水源涵养、水资源保护、面源污染防治等生态屏障功能需求,以国际湿地城市创建为抓手,构建渝东北独具特色的生态屏障体系(图7.10)。

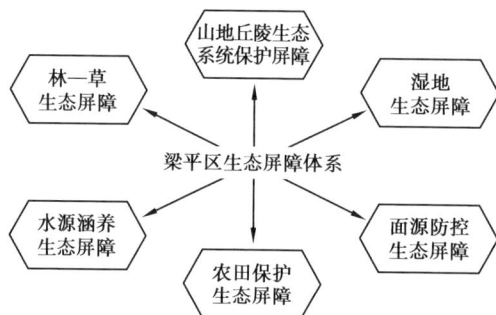

图 7.10　梁平区生态屏障体系

三、生态屏障建设经验及成效

近年来,梁平区全面深入贯彻习近平总书记对重庆提出的"两点""两地""两高"定位及目标,认真贯彻落实党中央、国务院和重庆市委、市政府关于乡村振兴、生态保护系列重大决策部署,深入践行习近平生态文明思想,加快推进以国际湿地城市为抓手的美丽梁平建设,取得明显成效。

(一)以国际湿地城市建设为抓手,全面促进生态屏障建设

梁平区打出湿地保护修复的组合拳,形成梁平湿地保护修复的"三张牌",即"全域治水、湿地润城""城市湿地连绵体建设"以及"乡村小微湿地+"。

全面推进"全域治水、湿地润城"。习近平总书记强调,要坚定不移把保护摆在第一位,尽最大努力保持湿地生态和水环境。梁平全面推进全域治水,修

复湿地原生态,完善城乡污水处理设施,加快推进龙溪河 PPP 项目,确保污水应收尽收、全面截污,提升尾水水质,以小微湿地对所有经达标处理后的城镇及农村集中居民点生活污水进行深度净化,龙溪河水质从劣 V 类逐步转为 Ⅱ—Ⅲ类,荣获"长江经济带最美河道"称号,其整治工作获得了国务院表扬,为更多地区的河流修复提供了先进经验。以双桂湖国家湿地公园建设为核心,致力打造城市湿地连绵体,先后颁布《关于加强重庆梁平双桂湖国家湿地公园保护的决定》《重庆梁平双桂湖国家湿地公园管理办法》等法规性文件,通过政协专题协商、区人大常委会作出决定,对双桂湖国家湿地公园实行最严格保护,让双桂湖国家湿地公园成为人民群众共享的绿意空间。在保护城市原生水系的基础上,着力营建以湿地为主体的城市自然空间,实施河湖连通、引水入城,建成窝子溪、赤牛溪等城市湿地公园,并与城市外部的河流、库塘相连形成一个结构和功能上的整体湿地网络——城市湿地连绵体,使城市与湿地构成一个协同共生的复合生态系统,既提高了城市生态品质,又优化了城区居民人居环境(图 7.11)。2022 年 6 月,梁平区成功入选第二批国际湿地城市,成为目前为止我国西南地区唯一的国际湿地城市。梁平湿地生物多样性保护,作为重庆入选 2022 年全国 40 个生物多样性优秀案例的唯 区县。

图 7.11　西南地区唯一国际湿地城市——梁平区

（二）实施"小微湿地+"，促进城乡绿色发展

梁平区将小微湿地的保护与可持续利用作为全域绿色发展和乡村生态振兴的重要切入点，与重庆大学湿地研究团队创新性提出并实施"小微湿地+"系列模式。梁平区首次提出并成功实施山地梯塘小微湿地、丘区林盘小微湿地、环湖小微湿地群、竹林小微湿地等小微湿地模式，通过强化对湿地的保护，发展湿地农业、湿地生态养殖、湿地产品加工、湿地生态旅游、特色民宿等湿地资源利用模式，为当地群众创造许多工作岗位和增收机会。

1.构建小微湿地生命网络，助推城乡人居环境建设

双桂湖国家湿地公园是梁平区国际湿地城市的灵魂，其湖岸带是湖泊水体与城市空间的生态界面，也是梁平区湖、城、田、山空间的耦合中心。双桂湖湖岸空间原本是退化严重的公园草坪与撂荒低产农田，面临城市面源污染和集约化养殖污染等危机。针对湖岸生物多样性和生态服务功能急剧下降的问题，梁平区将多种小微湿地要素耦合镶嵌，设计引入梯塘、湿塘、洼地、湫洼、生物沟、雨水湿地等小微湿地要素，将小微湿地作为功能性湿地单元，将其作为湖岸复合生态系统的有机组成要素，进行综合设计与应用并与再野化植被相结合。由此丰富了湖岸空间异质性和生境类型，使原本严重退化的双桂湖岸，重新成为昆虫、两栖类、鸟类等野生动物栖息的自然空间，构建起完善的小微湿地生命网络，使双桂湖成为高价值生态系统服务的可持续公共空间。

梁平区传承传统农耕生态智慧，营建双桂湖岸林—草—湿复合生境格局，形成"农—林—湿—城"共生生态系统。在湖岸空间，农田、林地、湿地三素同构，提供了诗意宜人的农耕与自然风景以及各种各样的生态产品，如有机大米、水果等。恢复后的湖岸生态空间成为梁平经济发展的重要驱动力，也是居民户外娱乐活动的城市自然场所。

构建以湖岸多功能小微湿地为核心的"沟—渠—田—塘—湖"湿地生命网络，营建起韧性生命湖岸。在湿地生命网络构建中，梁平区注重所有类型小微

湿地内部与外部环境的水文连通性,形成的连续湿地生境空间可满足林鸟、草丛鸟、游禽和涉禽等动物的栖息、庇护、觅食、营巢等多种功能需求(图7.12)。

图7.12 双桂湖西岸以小微湿地为核心的"林—草—湿"一体化生态空间

从郊外到城市,以小微湿地营建城与湖之间的生态空间,促进湿地之城人与自然的和谐共生。梁平区在城市建成区建设了多种类型小微湿地,在城市、湖泊和溪流之间形成廊道或生境踏脚石,为提升城市生物多样性奠定了重要基础。各种类型小微湿地和"农—林—湿"共生生态系统,为区内城市居民构建了满足自然野趣、健身休闲、科普教育等多种需求的共享绿意空间。

2.实施乡村"小微湿地+",助力乡村生态振兴

梁平区在国际湿地城市建设中,强化"上游意识",担当"上游责任",提升"上游水平",深入践行"绿水青山就是金山银山"理念,率先提出小微湿地"+"等湿地生态建设理念,并积极开展探索实践。先行先试的乡村小微湿地成为长江上游美丽乡村的点睛之笔,乡村湿地生命共同体蓝图初步呈现,"看得见山、望得见水、记得住乡愁、留得住乡情"的美丽乡村在梁平落地落实。同时,综合保护和利用山、水、湿地环境,在梁平全域打造小微湿地群。梁平区人民政府与重庆大学联合成立了长江上游乡村湿地研究中心,提出实施"乡村小微湿地+"模式,系列乡村小微湿地保护利用建设贯穿于农村人居环境综合整治、绿色发展等项目中,有效服务于乡村振兴战略。

梁平区把小微湿地的保护与可持续利用作为乡村振兴工作的重要切入点，创新性地实施了"小微湿地+"系列模式。首次提出并成功实施山地梯塘小微湿地、丘区林盘小微湿地、环湖小微湿地群、竹林小微湿地建设，获得显著的生态环境效益和经济社会效益。

在乡村生态振兴方面，梁平区实施"小微湿地+环境治理"，全面保护与利用浅丘地带沟、渠、塘、堰、井、泉、溪、田等多种小微湿地。境内80万亩稻田湿地生态系统得到有效涵养，强化小微湿地在乡村雨洪管理、污染控制、水源涵养等方面的生态功能，有序构建乡村湿地生命共同体。依托龙溪河流域水环境综合治理，着力建设河岸小微湿地、污水治理小微湿地公园，提升农村污水处理厂尾水水质。同时，实施"小微湿地+系列生态产业"以实现乡村产业振兴。利用小微湿地推广"梁平水八仙"种植，培育一批湿地生态农业；全面推广梦溪湉园乡村民宿+梯塘小微湿地、"碗米"林盘小微湿地+乡村民宿示范项目，打造乡村民宿产业群；建成一批塘、堰湿地，发展生态渔业，发挥渔业生产与小微湿地净化互利共生的协同作用。

梁平区"小微湿地+"模式的大力实施，使得区内动植物物种逐年增加，生物多样性得到明显提升，水环境质量大幅提高，双桂湖水质由原来的Ⅳ类达到Ⅲ类标准。"小微湿地+"模式推动了湿地生态产品价值转化，央视新闻联播、焦点访谈、《半月谈》等多次报道梁平的小微湿地。2022年重庆大学领衔的双桂湖小微湿地设计营建获得"国际风景园林师联合会亚太地区景观设计雨洪管理类"金奖和"国际风景园林师联合会亚太地区景观设计野生生物、生物多样性及生境优化改善类"金奖。

（三）以龙溪河为纽带，加快建设生态优先、绿色发展先行示范区

龙溪河是长江左岸一级支流，也是三峡库区重要生态屏障，发源于梁平区明达镇龙马村。梁平区是龙溪河的源头区域，龙溪河是梁平人民的母亲河。近年来，梁平区践行"生态优先、绿色发展"理念，大力实施龙溪河水环境综合治理和生态修复，使其水质不断提升、环境明显改善（图7.13）。

图 7.13　梁平区龙溪河河岸小微湿地

为密织防污治水空间立体网,筑牢生态环境安全屏障,梁平持续推进河长制、流域污染源排查与治理、生态修复与提升工作,统筹抓好境内城乡生活污水处理和农村面源污染防治等举措。梁平区深入推进农村人居环境整治和农村面源污染防治,统筹流域山水林田湖草系统治理,保护龙溪河流域(梁平大坝)自然风光的天然丽质,实现生态经济系统良性循环,全力打造龙溪河流域水生态文明示范带。政府引导村民在龙溪河两岸发展蔬菜、果树、养鱼、乡村旅游等特色富民产业,实现生态美与产业兴同频共振。同时,发挥湿地生态优势,大力推动生态价值转换、发展绿色产业。2023 年全区拥有国家高新技术企业 105 家、市级绿色工厂 7 家,获评重庆市"一区两群"战略布局中"两群"区县首个绿色园区,成功创建"两群"区县中首个市级高新区,区域绿色低碳生产生活方式加快形成,"湿地润城"效果日益凸显。

(四)以柚竹渔产业为特色,走深走实"两化路"

梁平区以乡村振兴为主线,推进"三农"工作,实现产业生态化。着力推进柚、竹、渔三大特色产业的"从重数量到重质量,从重生产到重营销,从规模到品牌"的转变。柚业以"标准化生产、融合发展、品牌营销"为主线,推进柚子深加工。竹产业"主攻二产、拓展三产、带动一产",以科技兴林、低质毛竹改造为重点,促进竹材深加工利用;在保护好 50 万亩竹林资源的基础上,大力发展林下经济、竹工艺品和民宿等产业,将"明月山·百里竹海"打造成践行"两山论"的示范地。在生态渔产业上，突出"渔业园区化、园区景区化、管理智能化"，把"川西渔村"建设成为一个集观光旅游、休闲垂钓和非物质文化遗产展示和体验于一体的农文旅融合中心。以田园景观作为全域旅游优势，推动农旅结合，打造"双桂田园"和"百里竹海"等重要景点，唱响"美丽梁平"的主旋律。

在推动生态产业化上，以百里竹海为核心，把"两山论"贯彻到实践中去，把五大国家级非遗和生态资源、绿色资源等资源变成了生产要素，把生态资源和历史文化资源变成了实际的物质财富。

（五）保护山地生态，实现"绿水青山就是金山银山"

位于梁平区竹山镇的猎神村拥有山林上万亩以及丰富的石膏等矿产资源。20 世纪 70 年代至本世纪初，猎神村先后建起了大小石膏矿 20 余家，因为开矿使得村里常年灰尘笼罩，清澈溪流逐渐干涸，环境污染和生态破坏严重。近年来，猎神村以全域绿色发展、全域旅游为契机，鼓励村民将已有资源开发成"民宿"和"农家乐"，由过去的矿山开采发展到现在的生态产业。猎神村以竹子为依托，通过"家旅融合"和"文旅融合"的方式，培育了"乡村民宿"和"竹家乐"。以竹为基础，发展竹加工、竹种植、竹工艺品等，把"竹文章"做得更大，让农民的收入来源更加多样化，为建设生态美、产业兴、百姓富的美丽乡村奠定了基础。

2018 年初，梁平区提出"小微湿地+"模式，推动湿地与全域旅游、乡村振兴、农村人居环境综合整治、脱贫攻坚等深度融合。猎神村是重庆市"小微湿地保护与开发的样板"，其保护与利用成效显著，成为保护生态环境、改善农村人居环境、开发乡村生态产业等领域的"点睛之笔"。在猎神村村落上游是一条宽约 80 米的山地沟谷，谷底顺山坡延伸，坡度约为 20°～25°，谷底宽度为 30 米。沟谷一侧山梁最高点海拔为 800 米，村落的海拔为 730 米。谷底过去是沿山坡分布的水田，后改为旱地。2018 年，谷底的旱地被开挖为 7 个鱼塘，通过一条渠道与村落旁的风水塘相连。风水塘的出水穿过村落，汇入七涧河，最后汇入龙溪河（长江左岸一级支流）。2019 年初，该区域为深挖形成的形态整齐划一、边缘陡硬的鱼塘，景观品质低下，生物种类贫乏，功能单一。针对地形高差、坡度、坡向、地表起伏、水资源及生物资源的立体分布、高空间异质性和多变环境等山地特征,重庆大学湿地研究团队进行了适应山地特征的梯塘小微湿地生态设计与营建(袁兴中等,2021)(图7.14)。在梯塘小微湿地内种植各种具有经济价值的湿地植物,包括具有食用价值的水生蔬菜如慈姑、水芹、蕹菜、茭(茭白)、泽泻、荸荠、莼菜、菱角、荇菜等,以及可用于工艺品和编织品原材料的湿地植物如香蒲、水葱、灯心草等。

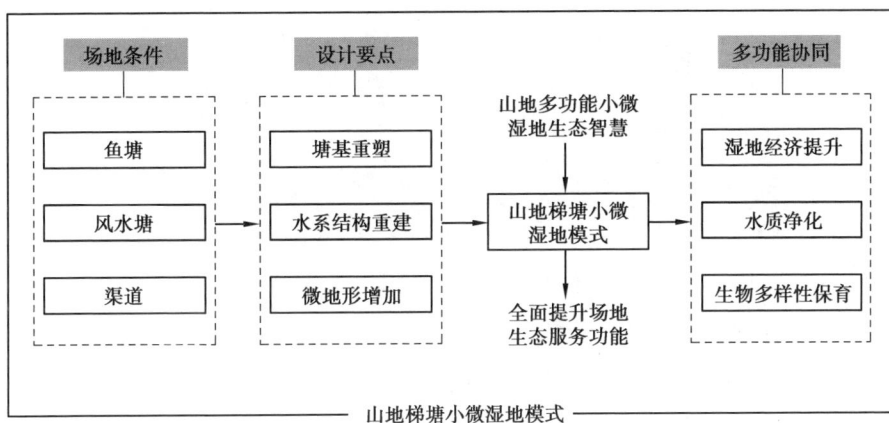

图7.14　梁平区竹山镇猎神村山地小微湿地模式图

梯塘小微湿地建成后,表现出良好的生态效益。湿地内生物多样性增加明显,具有60余种水生无脊椎动物,包括龙虱、膀胱螺、萝卜螺、玉带蜻、绿综蟌等;湿地内分布着与周边山林一样的林鸟、草地鸟,如珠颈斑鸠、红胁蓝尾鸲、小鸦、棕背伯劳、黄腹鹨、纯色山鹪莺等。由于梯塘小微湿地建设改善了水体和湿地环境,调查发现白鹡鸰、北红尾鸲、白顶溪鸲、白冠燕尾等傍水性鸟类也分布于湿地。梯塘小微湿地生境类型多样,生境质量优良,已成为猎神村的生命乐园,一个真正的山地小微生命景观。

山地梯塘小微湿地种有具有经济价值和观赏价值的10多种水生蔬菜、水生花卉等经济作物如莼菜、慈姑、菱角、蕹菜、水芹菜等长势良好。据测算,梯塘小微湿地的慈姑产量达到1 300千克/667平方米,菱角产量达到1 000千克/667平方米,茭白1 200千克/667平方米,蕹菜产量可达2 500千克/667平方米,水芹菜产量达到 3 000 千克/667 平方米,其中,蕹菜、水芹菜可多季采收。这些水生蔬菜的培育已经成为猎神村的特色湿地产业,被誉为"小微绿色银行"。梯塘小微湿地建成后,景观效益显著,小微湿地立体景观特色明显(图 7.15),增添了猎神村山地景观的灵气,已成为猎神村乡村生态旅游的热点。

图 7.15　立体景观特色明显的山地梯塘小微湿地

对于渝东北山地小微湿地景观的营建,重点在于利用海拔高差和地形起伏,设计、建设多样化的小微湿地生境,从而丰富生物多样性,使梯塘小微湿地成为真正的山地小微生命景观。利用山地小微湿地资源发展湿地生态产业是山地生命景观设计得以永续利用的基础。猎神村山地梯塘小微湿地的设计和建设是山地绿色发展的可行途径,是落实"两山论"、走深走实"两化路"的有效路径。

第五节　"四山"生态屏障保护与"两江四岸"生态修复实践——以九龙坡区为例

一、生态环境及区位分析

九龙坡区位于重庆主城都市区的中心城区,是长江和嘉陵江环抱的渝中半岛的重要组成部分。该区与渝中区、沙坪坝区、大渡口区、璧山区、江津区接壤,同南岸区、巴南区隔江相望。区境南北长 36.12 千米,东西宽约 30.4 千米,辖区面积431.86平方千米,下辖19个镇街(9个街道、10个镇)。缙云山脉蜿蜒在九龙坡区西部边境,中梁山脉横亘在中部,把全区分成东部和西部两大部分。区内总体地势由北向南趋斜,海拔在250~450米。辖区属华蓥山带状褶皱南延部分,背斜成山,向斜成谷。背斜构造一般形成中低山脉,两翼地形开阔,以浑圆状中低丘陵为主。背斜低山面积105.8平方千米,占辖区面积的24.56%;向斜丘陵面积303.2平方千米,占辖区面积的70.2%。

二、九龙坡区生态屏障体系建设

九龙坡区结合生态区位、生态环境及资源禀赋特点,针对"四山"保护、"两江四岸"生态修复与景观优化、城市污染防控等生态功能需求,实施了以"护山""治水"为主的生态屏障体系建设(图7.16)。

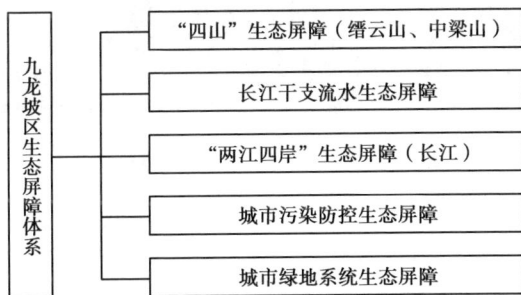

图7.16 九龙坡区生态屏障体系建设框架

三、生态屏障建设成效

(一)筑牢生态屏障,打好污染防治攻坚战

近年来,九龙坡区扎实推进污染防治攻坚战。首先,全面落实"河长制",加强"一江一山三河"生态建设,推进大溪河、跳磴河、彩云湖等河湖治理,深入推进"三水共治",目前长江九龙坡段稳定达到Ⅲ类水质,桃花溪、跳蹬河消除恶臭,彩云湖获评中国人居环境范例奖。其次,完成跳蹬河生态修复(图7.17),综

合整治实施上游湖库、流域河道、沿线管网改造,构建"智慧水务",落实网格化"河长制"。2021年跳蹬河生态修复被列入重庆市首届生态保护修复十大案例。再者,完成农用地土壤污染详查工作,实施污染场地治理修复;对危险废物转移严格执行"五联单制度",完成监管台账,定期开展巡查,保护长江黄金水道和沿线生态环境安全。此外,九龙坡区建成大气智慧监管平台,大力整治涉气"散乱污"企业;大力发展以氢能为重点的新能源、以铝合金为重点的新材料、以休闲体验为重点的文旅产业,绿色产业发展势头强劲。

图7.17　修复后的九龙坡区跳蹬河

(二)加强"四山"生态保护,实施中梁山、缙云山生态修复

九龙坡区有林地面积6 400余公顷,其中中梁云岭森林公园等3个自然保护地面积1 200余公顷。缙云山、中梁山是中心城区的重要生态屏障(图7.18),是重庆"四山"中心地带、城市"绿肺"。近年来,九龙坡区大力推进林业治理体系和治理能力现代化,加强森林资源保护与发展,全面实施"林长制",在管林、护林、治林、惠林四方面取得良好成效,有效推动了缙云山、中梁山九龙坡区段的提档升级,切实筑牢长江上游重要生态屏障。

在全面梳理中梁山自然资源生态本底的基础上,开展中梁山保护提升规划,按照生态空间管控要求划定中梁山管制区生态保护红线、永久基本农田和城镇开发边界三条"控制线",落实"四山"禁建区21.03平方千米、约占88.6%,生态保护红线853公顷、约占36%,自然保护地566公顷、约占23.8%。

图 7.18　九龙坡区中梁山森林植被

众所周知,中梁山是重庆中心城区重要的生态屏障,曾经是全市主要的煤炭和石灰岩开采区之一。开采导致严重的水土流失形成了像伤疤一样的矿坑,使中梁山从"生态屏障"变成了"生态伤疤"。"四山"保护提升行动启动后,重庆不断强化"一坑一策"的矿产资源修复,强化矿区的生态环境保护和修复。近年来,九龙坡区聚焦中梁山生态环境突出问题,坚持疏堵结合、分类施策、综合整治,开展矿山修复、绿化提升,进一步巩固和筑牢中梁山生态屏障。中梁山九龙坡段为高效地恢复矿区生态环境,有利于增强中梁山的生态屏障作用。将115 个矿区列入"山水林田湖草"生态保护修复示范项目,在保持生态系统自适应能力的前提下,研究针对性的修复方式,形成"天然恢复+人工修复"的整治与重建途径。

九龙坡区共有历史遗留和关闭矿山 52 处,主要分布于中梁山山脉。2018年以来,九龙坡区全力推进废弃矿山修复治理工作,以"城市绿肺、市民花园"的新名片焕发着新活力。九龙坡区实施"一矿一策"修复模式,因地制宜、分类施策地将不同矿山废弃地改造为公园、花园和果园。在此基础上,通过对矿区进行绿化修复,使其成为城市的"绿肺";把具有良好农业生产基础的废旧矿井复垦为耕地、园地和林地;把旅游景点或者是需要造景观的废旧矿山改造为山区的矿业公园,让废弃矿区整治修复的生态效益有效转换为社会效益和经济效益,重塑了"山""林"与"人"的关系,开启人与自然和谐共生的生态文明新篇章。

重庆以"四山"保护提升为核心的山水林田湖草生态保护修复,是一项复杂的系统工程,涵盖多要素、涉及多领域、事关多部门。通过整合各方资源和各部门力量,"四山"保护提升成效明显。目前"四山"森林生态系统健康得以持续维持,优化了自然保护地空间布局,强化了生物多样性保护。

(三)强力推进"两江四岸"生态修复,九龙滩成为生态修复示范样板

九龙滩是全市"两江四岸"治理提升十大空间节点之一,项目全长2.2千米,面积50.4公顷。作为全市首批"两江四岸"治理提升重点项目,九龙滩已成为"两江四岸"生态修复的示范样板(图7.19)。

图7.19 修复后的九龙滩立体生态江岸

九龙滩位于九龙坡区长江干流西岸,由于山地城市江岸高程变化、河流生态水力特征、江岸护堤建设及三峡水库蓄水影响的共同作用,形成江岸高地、护坡、河漫滩及消落带等多级阶地环境。每年夏季频发的洪水淹没、侵蚀与淤积,三峡水库运行形成的消落带冬季蓄水淹没,以及岸坡环境中强烈的人类活动干扰,导致九龙滩江岸结构失稳、面源污染富集、动植物群落敏感脆弱、入侵植物大量扩繁、生物多样性与景观质量严重衰退。

面对上述山地城市江岸适应性设计与三峡库区消落带治理这一世界级难题,九龙坡区与重庆大学研究团队合作,在前期深入调查研究的基础上,2018年5月开始开展九龙滩消落带及江岸生态修复工作。针对消落带反季节水位变动、冬季淹没的挑战,以及夏季多次洪峰过境淹没及冲刷的严峻考验,提出基于

自然的解决方案——九龙滩消落带及江岸立体生态修复策略。该策略运用创新性的滨江立体生态空间建设技术、滨江消落带韧性景观修复技术、界面生态调控技术，进行消落带及江岸整体生态系统修复与景观优化，构建顺应高程梯度的滨江立体生态空间结构。依据现有地形，从高到低塑造有层次的"林泽—江岸林网—基塘—河岸草甸—河漫滩—江心沙洲景观"修复格局，建设长江消落带治理的标杆和典范。

　　九龙滩江岸及消落带生态修复的创新实践包括：(1)针对九龙滩江岸的多重水位变化过程，科学筛选适生植物，并设计韧性圈层以实现生态缓冲(图 7.20)，包括高护岸野花草甸(海拔 178～185 米)、水泥砌筑岸坡生态柔化(海拔 175～178 米)、消落带林泽(海拔 170～175 米)、河漫滩灌丛草甸(海拔 165～170 米)以及河漫滩湿草甸(海拔 165 米以下)；(2)在海拔 175～185 米高程的陡坡护岸中，创新研发"立体生物篱网"，并与"野花草甸"景观修复技术有机结合，在强化护坡根土结构的同时，大幅提升护坡生境质量和观赏效果，形成地上地下一体化协同修复体系；(3)在植被与生境退化严重的海拔 175 米以下河漫滩，种植顺江岸蜿蜒的乔木林泽，重塑江岸自然形态，并提供夏季汛期与冬季蓄水期的鱼、鸟生境；保留河漫滩微地貌并与小微湿地结合，与耐水淹灌丛草甸在水平格局上复杂镶嵌，形成河漫滩生命综合体生机景观风貌。

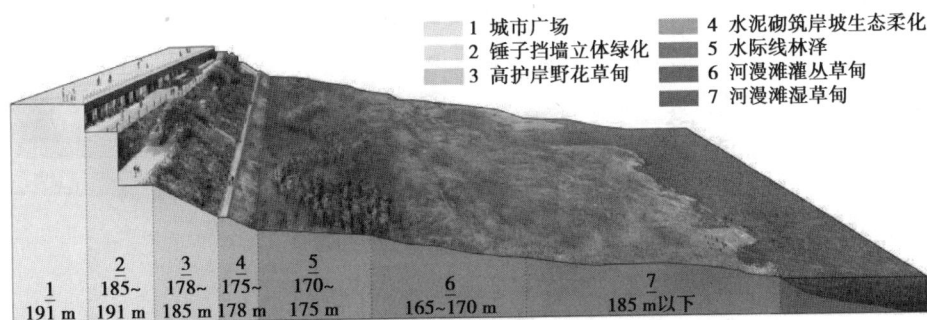

1 城市广场	2 锤子挡墙立体绿化	3 高护岸野花草甸	4 水泥砌筑岸坡生态柔化	5 水际线林泽	6 河漫滩灌丛草甸	7 河漫滩湿草甸
1 191 m	2 185～191 m	3 178～185 m	4 175～178 m	5 170～175 m	6 165～170 m	7 185 m以下

图 7.20　应对多重水位变化的九龙滩韧性圈层结构

　　海拔 165 米以下，以江滩自然保育为主，包括江滩生物多样性保育、水环境保护、江滩自然地貌保育，保留现有卵石滩、泥石滩、江湾、潟湖、水塘、江滩、洼地等湿地结构。海拔 165~170 米以消落带自然恢复为主,主要为自然草本植被恢复,稀疏丛状种植秋华柳与芦苇,形成岛状的灌丛镶嵌斑块,丰富草滩的垂直结构。海拔 170~175 米为消落带林泽生境带,对场地内部植被进行补植和优化,林泽植物种类的选择以竹柳、秋华柳、乌桕、中山杉等为主。海拔 178~185 米为上部护坡野花草甸带,选择经过实验采用的存活率比较高的草本花卉,采用混栽的方式,与成苗混栽、种子混播等方法相配合,在护坡上层种植具有良好观赏效果和良好生态服务功能的草本植物品种,提高群落的多样性,营造出多层次、多色彩、多季相的植被景观。为了避免在夏季洪涝灾害发生时,野花草甸带下部土壤发生侵蚀,采用了新型的地下立体生物网络。海拔 185 米之上是垂直生态空间营建带,在垂直硬化墙面通过多样的垂直绿化方式提高了墙面的景观品质和生态效益。

修复结果表明,面对冬季水淹及夏季持续洪水冲刷淹没和高温干旱交替的严酷逆境,修复构建的植物群落表现出良好的韧性适应能力,并经受住了 2020 年夏季百年不遇的洪水考验。修复后的九龙滩江岸生态和景观质量显著提高,连续 5 年承受了夏季洪水的反复冲蚀、淤积及冬季淹没,提供了贯穿全年的良好景观效果。原本植物种类单一、景观单调的九龙滩江岸,形成了层次与色彩丰富、季相多变的"护坡野花草甸—水际线林泽—河漫滩灌丛/湿草甸"的立体江岸生态景观。如今的九龙滩江岸,春夏郁郁葱葱、秋冬五彩斑斓,草长莺飞、鱼跃蛙鸣,为重庆主城人民与广大游客提供了生态与艺术交相辉映的长江江岸"绿意空间"与"生态走廊",打造了山地城市河岸带与三峡库区消落带生态治理的优秀样板,成为重庆城市形象的关键示范窗口,受到政府领导及市民群众广泛赞誉。九龙滩在"两江四岸"中独具特色,真正实现了把生态修复治理与景观美化建设统筹协同,实现了生态和艺术的交相辉映。

如今,重庆中心城区"两江四岸"已经成为山清水秀生态带、便捷共享游憩带、人文荟萃风貌带、立体城市景观带,正为重庆推动高质量发展、创造高品质生活助力添彩。

8

重庆筑牢长江上游重要生态屏障的成效分析

第一节　生态环境保护成效

一、水环境质量持续提升

2023 年,长江干流重庆段总体水质为优,各监测断面水质均为Ⅱ类;支流总体水质为优,满足水域功能断面占 100%,122 条河流 218 个监测断面中,Ⅰ—Ⅲ类、Ⅳ类和Ⅴ类水质的断面比例分别为 97.2%、2.3% 和 0.5%(图 8.1),其中,嘉陵江流域 51 个监测断面中,Ⅰ—Ⅲ类水质比例为 90.2%;乌江流域 29 个监测断面均达到或优于Ⅱ类水质。饮用水源水质方面,2023 年 65 个城市集中式饮用水源地水质达标率为 100%。

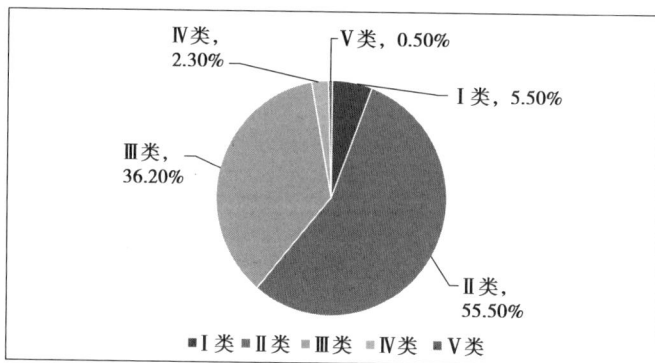

图 8.1　2023 年重庆市长江支流水质类别分布①

二、大气环境质量持续提升

2023 年,重庆市空气质量优良天数为 325 天(图 8.2),超标天数为 40 天,未发生重污染情况。环境空气中可吸入颗粒物(PM_{10})、细颗粒物($PM_{2.5}$)、SO_2、

---

①　数据引自《2023 年重庆市生态环境状况公报》。

NO^2 年均浓度分别为 54 $\mu g/m^3$、37 $\mu g/m^3$、9 $\mu g/m^3$ 和 29 $\mu g/m^3$。CO 和 O^3 浓度分别为 1.0 mg/m^3 和 142 $\mu g/m^3$。除 $PM_{2.5}$ 浓度超标 0.06 倍外,其余五项主要污染物浓度均达到《环境空气质量标准》(GB3095—2012)二级标准,市内 19 个区县环境中六项主要污染物浓度达到国家二级标准,占全市区县总数的 48.7%。

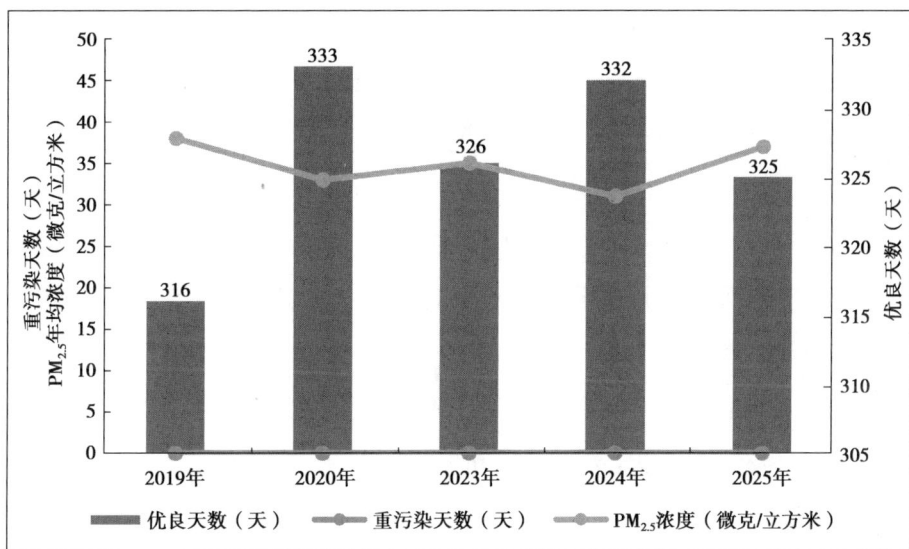

图 8.2　近年重庆市环境空气质量状况变化趋势①

三、生态系统状况持续改善

近年来,重庆深入实施植树造林、退耕还林还草措施,使生态系统状况持续改善。截至 2023 年底,全市森林面积达到 6 804 万亩,森林覆盖率达到 55.06%,草地资源面积 37 万亩。经过一系列生态整治工程的实施,水土流失和土壤侵蚀持续减少,2023 年全市新增水土流失治理面积 2 133.41 平方千米,水土保持率和水土保持生态功能持续提升。

重庆地处中亚热带北部栲类和桢楠林亚带,是由壳斗科、樟科和山茶科等

---

① 数据引自《2023 年重庆市生态环境状况公报》。

常绿阔叶树构成的山地植被区域。天然的森林类型有常绿阔叶林、针叶林和灌草丛等。植被中以针叶林所占面积最大,面积达 1 525 394 公顷,占森林面积的68.18%。生态系统方面,主要包括山地森林生态系统、草地生态系统、水域生态系统、农业复合生态系统、村镇生态系统、城市生态系统等类型,区内生态系统类型多,结构复杂,物种丰富,珍稀、濒危和特有动植物众多。

由于重庆水热条件较好,生态资源较为丰富。市内分布有阔叶林、针叶林、针阔叶混交林、竹林、灌丛、草丛等丰富的植被类型,亚热带常绿阔叶林是地带性植被。全市有植被 343 科、1 770 属、6 950 种,其中被子植物 5 236 种,裸子植物 81 种,蕨类植物 712 种,苔藓植物 404 种,地衣植物 25 种,藻类植物 492 种。重庆动物资源种类繁多,全市有动物 16 纲、89 目、390 科、2 693 种,其中脊椎动物 789 种;脊椎动物中,哺乳动物 135 种,鸟类 344 种,爬行动物 57 种,两栖动物50 种,鱼类 203 种。

截至 2024 年,重庆市自然保护区达 58 个,面积达到 80.48 公顷,占全市辖区面积的 9.8%。市级以上森林公园和生态公园 85 个,总面积 1 780.8 平方公里。市内有国家一级保护野生植物 8 种、二级保护植物 76 种,同时有国家一级保护野生动物 14 种、二级保护动物 98 种。武隆区获得全国第二批"绿水青山就是金山银山"实践创新基地命名,全市共创建 3 个国家级生态文明建设示范区(璧山区、北碚区、渝北区),32 个乡镇(街道)达到重庆市生态文明建设示范乡镇(街道)考核指标要求,在空间特征上初步实现美丽乡村、绿色城镇建设的互动,集群示范效应逐步显现。

管控措施方面,重庆强化自然保护地生态环境监管。持续开展"绿盾"自然保护地强化监督工作,及时发现涉自然保护地违法违规问题并加快推进整改。截至 2021 年底,"绿盾"行动(2017 至 2021 年)累计整改完成涉自然保护地 1 912个,整改完成率为 93.8%。开展云阳县、垫江县、秀山县县域生物多样性评估,建设武陵山(黔江)生物多样性综合观测站。完善政策体系,出台规范建设项目占用湿地的政策;实施湿地总量管控与湿地分级管理,从严控制建设项目占用湿地、湿地公园;实施植被恢复、栖息地恢复、湿地有害生物防治等湿地保护与恢复,湿地生态状况持续好转;持续加强崖柏、中华秋沙鸭等珍稀濒危野生动植物拯救保护。加强事中事后监管,严厉打击破坏野生动植物资源的违法犯罪行为。强化陆生野生动物疫源疫病监测,积极防控重大陆生野生动物疫情。全市累计创建国家生态文明建设示范区 5 个,"绿水青山就是金山银山"实践创新基地 4 个,重庆市生态文明建设示范区县 10 个,"绿水青山就是金山银山"实践创新基地 8 个,生态文明建设示范乡镇(街道)196 个。

第二节　经济社会和城乡发展成效

一、经济发展初具规模

2023 年,重庆市实现地区生产总值 30 145.79 亿元(图 8.3),比 2022 年增长 6.1%。其中,第一产业增加值 2 074.68 亿元,增长 4.6%;第二产业增加值 11 699.14 亿元,增长 6.5%;第三产业增加值 16 371.97 亿元,增长 5.9%。2023 年重庆市三次产业结构为 6.9∶38.8∶54.3(图 8.4)。

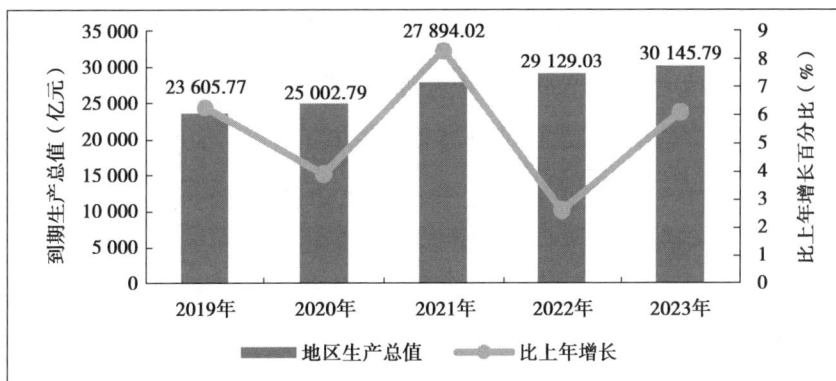

图 8.3　重庆市近年地区生产总值及增速

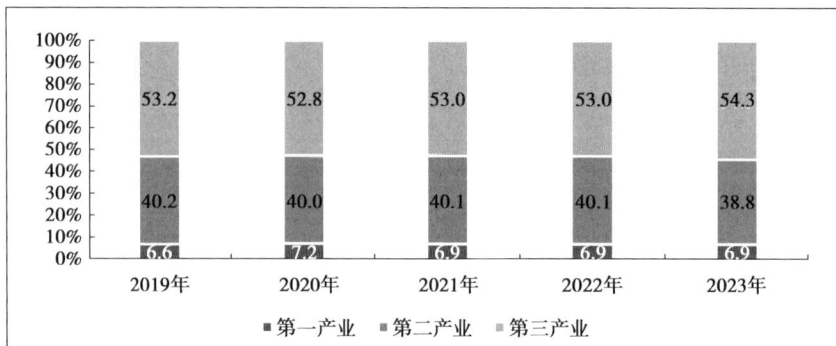

图 8.4　重庆市近年三次产业结构

近年来,重庆经济快速增长,GDP 增速从 2014 年的 11% 震荡至 2016 年的 10.7%,达到增速峰值,随后逐渐回落到 2020 年的 3.9%,再升至 2021 年的 8.3%,在经过 2022 年的 2.6% 低谷后,又回升至 2023 年的 6.1%。与其他直辖市比较,重庆 GDP 总量低于北京、上海,但高于天津。从近 10 年 GDP 增速变化情况来看,重庆 GDP 增速变化趋势与天津极为类似,主要原因在于两个城市均属于工业化城市,而上海、北京主要以服务业发展为主。

二、产业新动能初现端倪

2023 年,重庆全年实现工业增加值 8 333.35 亿元,比 2022 年增长 5.8%,规模工业增加值比 2022 年增长 6.6%;新动能产业持续发展壮大,新能源汽车产业、新材料产业、节能环保产业、高端装备制造业增加值分别比上年增长 20.6%、17.2%、10.4% 和 8.8%。全市限额以上单位实物商品零售额比上年增长 24.1%。全年新增市场主体 64.84 万户,年末市场主体总数 369.44 万户。

三、产业布局持续优化

经过多年发展,重庆已获批建设重庆高新区、璧山高新区、永川高新区、荣昌高新区等 4 个国家级高新区,建设有大足高新区、铜梁高新区、潼南高新区、合川高新区、綦江高新区、梁平高新区、垫江高新区、黔江高新区、秀山高新区、开州高新区等10个市级高新区。获批建设重庆经济技术开发区、万州经济技术开发区、长寿经济技术开发区、涪陵经济技术开发区等4个国家级经济技术开发区。获批设立西永、两路果园港、江津、万州、涪陵、永川、国际铁路港等7个综合保税区。推动建设了白涛工业园区、建桥工业园区、港城工业园区、空港工业园区等一批工业园区。园区产业集聚发展促进了全市产业布局结构的优化。

2023年6月，重庆召开推动制造业高质量发展大会，提出要着力打造"33618"现代制造业集群体系，迭代升级制造业产业结构，全力打造国家重要先进制造业中心。将做大做强做优智能网联新能源汽车、新一代电子信息制造业、先进材料这三大万亿级产业集群，推动三类产业成为"制造强市"的中流砥柱；坚持新兴产业培育和传统优势产业转型升级"两手抓"，加快推动智能装备及智能制造、食品及农产品加工、软件信息服务产业集群创新发展，推动以上三类产业各自形成五千亿级产值；创新打造6大千亿级特色优势产业集群：新型显示、高端摩托车、轻合金材料、轻纺、生物医药及新能源及新型储能；培育壮大18个"新星"产业集群，面向世界科技前沿，规划布局了一批未来产业先导区，包括培育6个未来产业集群以及12个五百亿级、百亿级的高成长性产业集群。

四、城镇化速度持续提高

2023年末，重庆市常住人口3 191.43万人。其中城镇人口2 287.45万人，城镇化率71.67%。城镇新增就业人员73.86万人，比上年增长4.5%。全年城镇调查失业率平均值为5.4%，全市农民工总量756.4万人，比上年增长0.7%。全市人均地区生产总值达到94 135元，比上年增长6.4%。

2023年，全市居民人均可支配收入37 595元，比上年增长5.4%。按常住地分，城镇居民人均可支配收入增长4.2%，农村居民人均可支配收入增长7.8%。全市人均消费支出26 515元，比上年增长4.5%，按常住地分，城镇人均消费支出31 531元，增长3.1%，农村居民人均消费支出17 694元，增长7.4%。

第三节 绿色发展成效

2016年习近平总书记视察重庆时指示"探索出一条生态优先、绿色发展新路子",2019年再视察重庆时要求"要坚持绿色发展,从源头上减少污染"。全市在指导思想上牢固树立和贯彻新发展理念,围绕"高质量"、"供给侧"、"智能化"三个关键词,以供给侧结构性改革为根本,以大数据智能化创新为策略,以城乡融合发展为内生力量,以"两山论"为核心、深入推进"两化路"。决不走先污染后治理的老路、守着绿水青山苦熬的穷路、以牺牲环境为代价换取一时一地经济增长的歪路,生态优先、绿色发展正成为重庆大地主旋律。

围绕"破、立、降"深化供给侧结构性改革,巩固提升汽车、电子等支柱产业,培育壮大集成电路、物联网等战略性新兴产业,在2023年规模以上工业中,战略性新兴制造业、高技术产业增加值的比重分别为32.2%和18.3%;全市节能环保产业实现营业收入1 234亿元,连续五年超过4亿元大关。推进大数据智能化创新,2023年,重庆全市数字经济核心产业增加值达2 296.6亿元,增长4.7%。数字产业规模持续扩大,计算机产量连续10年蝉联全球第一。产业数字化不断深入,规模以上工业企业数字化研发设计工具普及率达到86.1%。积极建设绿色家园,开展绿色机关、绿色学校、绿色社区等创建活动,实施城区增绿添园行动,新建一批城市公园和"山城步道"。因地制宜建设绿色小镇、美丽乡村,目前市内已建成"四好农村路"2 687千米。加快构建绿色体制,探索实施生态环境损害赔偿、流域横向生态补偿等机制,推进领导干部自然资源资产离任审计,建立健全源头严防、过程严管、后果严惩制度体系。深化环境监管联动执法,加大环境监管执法力度,其中,2021年全市共发出环境行政处罚决定书1 000余件。

一、生态农业发展大幅集约高效

重庆大力提升集约化经营和生态化生产相结合的生态农业,农业资源利用率和土地产出率得到大幅提升。依托国家级现代农业示范区(江津、南川、潼南、荣昌、忠县)的示范辐射作用,重庆市广泛发展种养结合循环农业,实行减量化和清洁生产技术,净化耕地环境,提高无公害、绿色、有机农产品比重,"三品一标"种植面积有所增加。三峡库区生态屏障区,已初步形成绿色无公害农林示范区。

化肥农药施用得到有效控制。通过实施"化肥农药零增长行动",化肥利用率得以提升,测土配方施肥覆盖率达到90%,利用率达30%以上。初步建立农业面源污染监测实施框架,低毒低残留农药已开展试点研究。

农业循环经济方面,重庆在"十三五"划定丰都、云阳、巫山等重点区域推行秸秆饲料化利用,目前利用比例已达20%以上,秸秆综合利用率达到80%以上。在局部地区初步构建了"畜禽养殖—粪便沼气—发电"产业链,生物质燃料、生物质汽化炉灶等技术得到一定推广。

二、绿色制造业发展逐渐形成体系

重庆市严格执行产业禁投清单,战略性新兴产业增长速度明显高于传统工业。主城区全面实现高污染行业(钢铁行业、火电行业和化工行业)的淘汰和搬迁,规模以上工业六大高耗能产业能耗占比持续下降,提前完成落后产能淘汰任务。

循环经济建设得到长足发展。目前市内大宗工业固体废弃物综合利用率达到85%以上,并成为国家第一批可再生能源建筑应用示范城市和绿色生态城区国家示范区(悦来绿色生态城区)。能源结构向可再生能源和页岩气等清洁能源方向优化,主要污染物排放量、单位 GDP 能耗、水耗、碳排放等强度指标均超额完成预定规划目标。钢铁、化工、交通设备制造、建材等重庆市传统优势工业得到全面绿色化改造,初步形成绿色园区、绿色企业、绿色标准、绿色管理、绿色生产等绿色制造业体系。

三、绿色环保产业集群初步形成

2015 年 4 月,重庆发布《重庆市环保产业集群发展规划(2015—2020 年)》,要求"以重大环保工程为依托,培育一批成套技术设备龙头企业"。近年来重庆深入实施《环保产业集群发展规划》,在环保装备制造、环保产品生产、资源综合利用、环保综合服务等领域均培育了一批具有总承包能力和设备成套生产能力的骨干企业,由污水污泥处理设备制造、大气污染防治设备(产品)制造、固体废弃物收运处理设备制造、环境仪器仪表及环境修复、再生资源综合利用、固体废弃物综合利用和再制造构成的七大环保产业集群初具规模。在此基础上,建设了以万州、大渡口等为重点的环保产业园区。积极抢抓国家"一带一路"倡议的重要节点机遇,积极搭建环保产业"走出去"平台,重点领域和区域间的节能环保、绿色经济、能力建设等方面的合作机制得以有效搭建。

四、服务业绿色发展成效显著

生态旅游业方面,重庆对各大旅游景区的最大旅游承载能力进行核准,并基于此制定旅游规划。旅游区的环境监测、废水和固体废弃物处理处置工作逐步开始实施。旅游景区建设中大量采用绿色、低碳和环保材料,生态环境建设已被列为景区的重要考核评级因素。目前,全市累计创建全国休闲农业重点县2 个、全国休闲农业和乡村旅游示范区县 12 个、全国休闲农业和乡村旅游示范点 23 个、中国美丽休闲乡村 54 个,认定市级休闲农业和乡村旅游示范单位1 305个。

商贸餐饮业方面,重庆大力推进绿色转型,灯具、空调、冷藏设备等节能设备占比不断加大，"限塑令"得以全面推行，一次性用品使用量显著下降；创建了一批"绿色饭店"，积极响应"光盘行动"；在洗车点、高速公路服务区、医院、商场等广泛推广绿色建筑技术和节能节水技术，分布式废水、废气处理处治设施逐步建设完备。

交通运输业方面，重庆将新配送货车的排放标准提高至国Ⅳ，并积极出台政策鼓励新能源货运车的使用；逐步构建绿色智能运输体系，基于大数据和互联网技术合理规划交通运输网点，循环取货、运输覆盖率得到显著提升。

第四节　综合效益评估

重庆市坚持以习近平新时代中国特色社会主义思想为指导，增强"四个意识"，坚定"四个自信"，做到"两个维护"，深化落实习近平总书记对重庆提出的"两点"定位、"两地""两高"目标、发挥"三个作用"和营造良好政治生态的重要指示要求，强化"上游意识"，担起"上游责任"，学好用好"两山论"、走深走实"两化路"，坚持生态优先绿色发展，坚决打好污染防治攻坚战，筑牢长江上游重要生态屏障取得积极成效。

一、深学笃用习近平生态文明思想蔚然成风

召开市委常委会会议、市委深改委会议、市政府常务会议、市深入推动长江经济带发展加快建设山清水秀美丽之地领导小组会议等重要会议100余次，学习贯彻落实习近平生态文明思想和习近平总书记对重庆系列重要指示精神，研究出台污染防治攻坚战实施方案、生态优先绿色发展行动计划、第二轮中央生态环境保护督察整改方案、国土绿化提升行动实施方案，部署推动缙云山、水磨溪等绿色发展示范工作。

二、重要生态系统保护修复成效显著

一是通过湿地保护、退耕还林、国土绿化提升、水土流失及石漠化治理等各项生态保护和修复措施，全市森林生态系统、湿地生态系统和生态敏感脆弱区得到极大保护和修复。印发《关于推进长江上游生态屏障（重庆段）山水林田湖草生态保护修复工程的实施意见》，争取国家奖补资金 18.3 亿元，累计完成投资 66.9 亿元，开展山水林田湖草系统修复。自 2018 年启动国家山水林田湖草生态保护修复工程试点以来，完成历史遗留和关闭矿山恢复治理 352.3 公顷，国家山水林田湖草生态保护修复工程试点的国家绩效考核指标总体实现率超过50%。二是推进国家"绿水青山就是金山银山"实践创新基地建设。2023 年末，全市耕地面积 7 035 万亩，森林面积 6 804 万亩，活立木蓄积 2.74 亿立方米，森林覆盖率达 55.06%，实施"两岸青山·千里林带"新建 50.5 万亩，国家储备林新建 101.5 万亩，完成水土流失治理面积 2 133 平方千米，湿地总面积达到 28.39万公顷。

三、污染防治攻坚战圆满收官

印发《重庆市污染防治攻坚战实施方案（2018—2020 年）》，34 项主要指标、206 项重点工程全面完成，切实改善生态环境质量。一是打好碧水保卫战。落实第 1、2、3 号市级总河长令，开展提升污水"三率"专项行动和"散乱污"企业整治，全市工业集聚区污水集中处理设施、建制乡镇污水处理设施、船舶码头污染物接收设施基本实现全覆盖。2021 年，全市 42 个国控断面水质优良比例达到100%、优于国家考核目标 4.8 个百分点、较 2015 年上升 14.3 个百分点，全面消除劣 V 类水质断面和城市建成区黑臭水体。二是打赢蓝天保卫战。突出强化大气多污染物协同控制和联防联治，实施网格化精细管控和空气质量精准预报，持续开展冬春季大气污染防治攻坚和夏秋季臭氧污染防控行动。2021 年，全市环境空气质量满足优良天数 326 天,环境空气细颗粒物(PM$_{2.5}$)平均浓度为 35 微克/立方米。三是打好净土保卫战。持续开展土壤污染风险管控和修复,稳步实施农村黑臭水体整治,深化中心城区"无废城市"建设,加强危险废物规范化精细化管理。深入推进中央生态环保督察反馈问题整改,全面淘汰锰行业落后产能。截至 2020 年底,全市累计开展 1 300 余个地块土壤污染状况调查,主城区纳入国家"无废城市"建设试点,医疗废物集中无害化处置实现镇级全覆盖,危险废物处置利用率达到 100%,城市生活垃圾无害化处理率保持 100%,土壤环境质量点位达标率超过 73.5%,土壤环境质量总体稳定。四是减少噪声污染扰民。严控施工和工业噪声、减少社会生活和交通噪声扰民,全市功能区声环境质量达标率为 98.9%,保持稳定。

四、生态优先、绿色发展行动计划基本完成

印发《重庆市实施生态优先绿色发展行动计划(2018—2020 年)》,28 类工程、119 项工作任务基本完成。一是建立健全国土空间规划体系,划定生态保护红线管控面积 2.04 万平方千米,占全市土地面积的 24.82%。二是严格执行长江干流及主要支流 1 千米、5 公里产业管控政策,以政府名义在全国率先发布"三线一单"实施意见,初步建立以"三线一单"为核心的生态环境分区管控体系。三是积极贯彻落实中办、国办《关于建立以国家公园为主体的自然保护地体系的指导意见》精神,经国家林草局批复同意,开展自然保护地优化调整试点工作,市政府办公厅印发《关于科学建立自然保护地体系试点工作方案》,加快建立分类科学、布局合理、保护有力、管理有效的自然保护地体系。四是实施主城区"两江四岸""清水绿岸"治理提升,全面加强江河自然岸线整治和保护。截至 2021 年底,全市共完成坡坎崖绿化美化项目 1 348 个,面积 2 990 万平方米。其中,中心城区完成项目 309 个,面积 1 410 万平方米;其他区县完成项目 1 039 个,面积 1 580 万平方米。

五、河长制、林长制及整治污水偷排偷放等专项工作扎实推进

以河长制、林长制、整治污水偷排偷放、生态保护与脱贫攻坚双赢等专项工作为抓手，着力解决突出问题。一是全面落实"河长制"，市委书记、市长担任市总河长，全市分级分段设置1.75万余名河长，连续2年发布总河长令，全市5 300多条河流和3 000多个湖库实现"一河一长"全覆盖，大力推行双总河长制、民间河长制，排查整治河道"四乱"问题500多处。二是积极开展"林长制"试点，印发《重庆市开展林长制试点方案》，在主城"四山"及远郊共15个区县开展试点，分级设立林长共4 800余人，积极落实地方党委政府保护发展山林资源的责任，加强林业生态保护修复，筑牢长江上游重要生态屏障。截至2021年10月底，全市完成营造林任务433.8万亩，占年度任务500万亩的86.8%。其中完成"两岸青山·千里林带"建设任务25.7万亩，占年度任务30万亩的85.7%；国家储备林建设完成集体林地收储面积71.8万亩，完成营造林及管护任务63.2万亩。三是开展长江入河排污口排查整治、污水偷排漏排整治等多个专项行动，截至2021年底，渝北区、两江新区两个试点区域分别完成入河排污口整治工作任务的100%、96.7%，达到生态环境部既定要求；全市完成排污口分类、编码4 152个，完成率98.9%；完成排污口监测2 341个，完成率96.9%；完成排污口溯源3 777个，完成率98.3%；完成排污口树立标牌283个，完成率49.1%；入河排污口整治工作推进至全市26个区县。四是制定《统筹解决生态保护和脱贫双赢的指导意见》，推动181个涉自然保护区"两不愁三保障"扶贫项目落地。

六、生态文明制度体系不断健全

持续深化生态文明体制改革，源头严防、过程严管、后果严惩的生态文明制度体系不断完善。2017年7月以来，重庆累计形成生态文明体制改革文件200余个，构建长江上游重要生态屏障维护生态安全的体制机制日益完善。一是全

面试行生态环境损害赔偿制度。2个案例分别入选全国司法鉴定十大指导案例和生态环境部生态环境损害赔偿磋商十大典型案例。二是全国首创区域横向生态补偿提高森林覆盖率机制。2018年10月，重庆市在全国首创了横向生态补偿机制，提高森林覆盖率确有实际困难的区县，可以向森林覆盖率高出目标值的区县购买森林面积指标，计入本区县森林覆盖率。三是积极创建绿色金融改革创新试验区，推动重庆市成为全国唯一拥有2家"赤道银行"（重庆银行、重庆农村商业银行）的省市，全市42家金融机构累计推出180余款绿色金融产品，绿色金融产品和市场体系日益完善。四是上线全国首个集碳履约、碳中和、碳普惠为一体的"碳惠通"平台，建立了企业、单位、个人广泛参与的市场化减碳降碳机制。五是在全国率先建立三级"双总河长"和四级河长体系，实行的"双总河长制"获得水利部、长江委肯定，在全国进行推广，并与四川携手设立全国首个跨省市的川渝河长制联合推进办公室，确保川渝两地河湖联防共治工作常态、长效推进，达到"1+1>2"的效果。

9

重庆筑牢长江上游重要生态屏障的制度保障

第一节　生态屏障体系建设制度保障的理论支撑

一、生态屏障制度的基本含义

生态屏障制度是由"生态屏障"和"制度"两个词语组合而成的复合词,生态屏障制度的基本含义应从这两个词语来把握(张洪伟,2019)。关于"制度"的内涵,法学、社会学、政治学、公共管理学等学科从不同角度对其概念进行论述,制度可以定义为国家政府、社会组织、群体为实现一定目标和任务而制定的战略部署和行为准则,具有根本性、稳定性、长期性、全局性和权威性的特点。制度有正式制度和非正式制度,正式制度包括有关法律、法规、条例和政策等;非正式制度则主要包括伦理、观念、意识、风俗、习惯等。合理的制度对人们的行为具有真正约束力,可以提高对人的行为的预见性,减少交易成本、提高效益。关于"生态屏障",目前学界对其科学内涵和基本属性均没有形成统一认识,但可以理解为位于特定过渡性区域,以山水林田湖草沙为基本构成要素,与经济系统、社会系统多重交织,具有地域和功能双重内涵,能够维持"生态—经济—社会"之间的平衡,保障区域内外乃至国家生态安全的复合生态系统(刘登娟等,2014)。基于上述对两者概念的解读,生态屏障制度的基本含义可以概括为:制定或形成的一切有利于支持、推动和保障生态屏障建设的各种具有引导性、规范性和约束性的规则和准则的总和。2016年1月,习近平总书记视察重庆时指出重庆"建设长江上游重要生态屏障";2019年和2024年4月,习近平总书记再次视察重庆并强调"筑牢长江上游重要生态屏障"。生态屏障的形成需要全体成员遵守行为准则,用制度文明保护生态环境和生态系统。重庆要筑牢长江上游重要生态屏障,必须破除相关制度障碍,用系统完整的制度体系为生态屏障建设提供最坚实的保障。

二、筑牢重要生态屏障制度保障的理论来源

（一）马克思恩格斯的生态观

关于生态制度的理论思想最早追溯至马克思恩格斯的生态观。马克思恩格斯的生态观以生态哲学思想为内核，在政治经济和社会发展中具体表现出来，是生态屏障制度建设的重要思想启蒙。虽然马克思、恩格斯未明确提出生态制度建设方面的理论观点，但马克思主义的生态观是健全我国生态文明制度的基础，为生态屏障及其制度建设提供了重要思想资源。马克思主义生态观主要包括人与自然关系的社会制约论和生态危机的资本主义制度批判论两方面。

（1）人与自然关系的社会制约论。马克思、恩格斯认为自然界是人的存在与发展的物质基础，并指出，人不能逾越自然而要遵循客观法则，顺应自然，尊重自然。只有在遵循自然规律的前提下，人类才能理解并适度改造自然，从而为人类造福；如果人们违反了自然法则，对大自然及自然资源进行无限的索取与破坏，那么大自然就会对人进行制裁，威胁人类社会的生存。只有平衡好人类需求与自然规律之间的关系才能使自然更好地服务于人类，必须把人与自然和谐相处作为生态屏障制度设计的基本价值取向。

（2）生态危机的资本主义社会制度批判论。马克思揭露了资本主义制度的弊端，同时也揭示了它对社会生产力的推动作用。在资本主义社会，资本家追求的是利益的最大化，将人和自然的关系转化成了资本和自然的关系，资本对自然资源利用不加控制，并对他国的资源进行了掠夺，造成了一系列的环境问题，导致生态危机的全球化。在资本主义体系中，自然变成了增加利润的产物。从本质上说，只有打倒资本主义，废除剥削，建立共产主义社会，才能真正地解决这个问题。如何发展与制约资本与自然之间的利益关系，既是一个资本主义社会应当思考的问题，也是一个社会主义国家在构建生态屏障时必须考虑的问题。

（二）中华民族传统生态思想

中华民族积累了丰富的自然、社会、人及自身之间的合和共荣的思想理念，具有深厚的生态文化积淀。以儒释道为中心的传统中华文明，形成了系统的生态伦理思想，为生态屏障及其制度建设提供深厚的哲学基础与思想源泉（张梓太，1998）。

（1）儒家可持续发展的生态思想。儒家提倡"仁民爱物""天人合一"的生态理念，具体体现在可持续发展的生态理念和行为上。在如何实现人与自然和谐统一的问题上，儒家倡导以适度的方式使用天然资源。孟子认为，"不违农时，谷不可胜食也；数罟不入洿池，鱼鳖不可胜食也；斧斤以时入山林，材木不可胜用也"，这是可持续发展思想的体现。古代的休耕制度、桑基鱼塘等生产方式都体现了可持续发展思想。

（2）佛教平等生命观的生态思想。"因缘"是佛教的基本观念，也是佛教平等生命观的基本思想。佛教的因果说，是指世间万物的产生与毁灭，是一种因缘，是一种因果关系。《杂阿舍经》中说："有因有缘集世间，有因有缘世间集；有因有缘灭世间，有因有缘世间灭。"只有保持大自然的协调发展，才能使人类得以存在并发展。人要珍惜自己的天性，对一切事物都要有爱心，要尊敬生活。这一生活本位的价值观念，有利于矫正人们对自然界的占有和利用，以满足一己之私。另外，佛教提倡珍惜幸福、节俭高效地使用自然资源，以净化人类的内心来达到人类与大自然之间的和谐。佛教"人人皆可"的生态理念，对增强全民"珍爱生命""爱护动物""节约资源""敬畏"的意识，具有重要的现实意义。

（3）道家顺应自然规律的生态思想。道教将世间一切事物视为一种和谐完美的有机体，世间一切事物的协调有序都源于道德的诞生、和合、协调、制约等功能，不但一切事物都是由阴阳二气平衡产生，世间一切事物的运行与变化都是由道的周期运动演变而来。在老子看来，"道"乃一切的根本，人类应遵循"天道"，也就是对自然的尊敬和尊重；"得道"即体验了世界上一切事物的对立与统一,相互关联,并在此基础上达成共识。人必须敬畏自然法则,与所有的事物合为一体。都江堰修建惠及了当地人,也惠及了中华文化几千年,其成败的关键就是它对大自然的敬畏与服从,体现了"天人合一"的理念。众生皆尊,众生皆贵。在道教思想的熏陶下,中国古代许多法令都严禁对生态环境造成损害,强调对农业生产环境的保护;在现实中,古代人主张节制人性,主张节制。这种与大自然相一致的生态行为观念和生存习惯,对于当今我国生态屏障构建有着十分重要的借鉴意义。

(三)党的生态文明思想

过去多年,我国的生态建设明显滞后于经济建设。但近年来我国对人口、资源环境问题进行新思考,党中央、国务院高度重视生态文明建设。生态文明制度建设的理论与实践紧密相连,不可分割。伴随着经济社会发展,生态文明制度建设方面取得了一系列重要成就(顾钰民,2016)。党的十八大报告首次单列一章明确阐述生态文明制度建设,是党关于生态文明建设思想的重要理论成果。国家生态文明制度建设取得的阶段性成果,彰显了国家生态文明建设的实质性突破和进步,为生态屏障制度的建设奠定了坚实基础。

(1)党的十八大召开前的生态文明制度建设思想。近年来我国高度重视节约资源能源、保护生态环境和维护生态平衡。在党的代表大会报告中逐渐出现人口控制、提高资源利用率、治理污染、改善生态环境等关键词。这些认识主要是基于中国基本国情。随着实践发展,党关于生态文明制度建设的思想逐渐深刻化、科学化和体系化,无论是生态环境的国家战略思想还是生态环境的法律制度思想,都为中国特色社会主义生态文明制度建设和生态屏障制度建设奠定了战略性基础。

一是生态环境的国家战略思想。1984 年,《国务院关于环境保护工作的决定》明确提出:保护和改善生活环境和生态环境,防治污染和自然环境破坏,是我国社会主义现代化建设中的一项基本国策。1997 年,全国人大通过《中华人民共和国节约能源法》,2007 年修订的《中华人民共和国节约资源法》中第四条明确指出节约资源是中国的基本国策。2002 年,党的十六大报告首次把保护环境和保护资源并列为我国的基本国策。1997 年,党的十五大报告指出,在现代化建设中必须实施可持续发展战略。2004 年,提出构建社会主义和谐社会的概念。人与自然和谐是和谐社会的基本内容之一。2005 年,党的十六届五中全会提出建设"两型"社会,即资源节约型和环境友好型社会。党的十七大首次将建设"两型"社会写入新修改的党章,并将科学发展观写入党章。这是适应中国发展要求的重大战略思想,其中科学发展观的基本要求是全面协调可持续发展。

二是生态环境的法律制度思想。1978 年修订的《中华人民共和国宪法》将环境保护上升到宪法高度,规定国家保护环境和自然资源、防治污染。第五届全国人民代表大会通过的《中华人民共和国环境保护法(试行)》,标志着我国环境法律体系开始建立。邓小平同志主张通过立法保护生态资源环境,强调严格执法,指出:"应该集中力量制定刑法、民法、诉讼法和其他各种必要的法律来保护生态环境。"江泽民同志强调用法律保护生态环境,指出:"我们要不断完善社会主义市场经济体制下的环境保护法律体系,为加强环保工作提供强有力的法律武器,并依法坚决打击破坏环境的犯罪行为。"经过长期重视与努力,我国在生态保护方面的法律法规不断完善,逐渐走上法制化道路。

此外,在规划条例上,1999 年国务院颁布《全国生态环境建设规划》,先后启动全国天然林保护工程、国家生态工程、水土保持生态环境建设"十百千"示范工程、退耕还林还草工程、京津周边地区防沙治沙工程等大型生态建设项目。生态建设覆盖全国,建设期限长,为我国生态环境改善奠定了坚实基础。在主要的环保机构设置上,由原来的环境保护领导小组办公室到后来独立的国家环境保护总局,到现在的生态环境部,为环境管理与环境执法提供了重要的组织保障。

无论是国家战略、法律制度、条例规划的制定,还是环保机构的设置,都体现了我国生态文明制度建设思想的进步与发展,由原来单纯追求经济发展的片面发展观,逐渐发展成为追求人与自然和谐共处的科学发展观,为生态屏障制度建设打下牢固基石。

（2）党的十八大以来生态文明制度建设思想。党的十八大报告把生态文明建设问题列入了"五位一体"的整体规划，并把它同中国特色社会主义建设的各个领域、各个环节结合在一起。由此表明，生态文明不仅要从根本上化解环境问题，而且要从整体上推进中国特色社会主义各个领域的整体、和谐发展。党的十八大报告明确提出了生态文明制度建设的基本方向："建立体现生态文明要求的目标体系、考核办法、奖惩机制；建立国土空间开发保护制度；完善最严格的耕地保护制度、水资源管理制度、环境保护制度；建立反映市场供求和资源稀缺程度、体现生态价值和代际补偿的资源有偿使用制度和生态补偿制度；健全生态环境保护责任追究制度和环境损害赔偿制度等。"

以习近平同志为核心的党中央继续将生态文明制度建设向前推进，在此基础上，进一步细化和完善生态文明体制，努力构建一套较为完整的生态文明体制。党的十八届三中全会通过了《中共中央关于全面深化改革若干重大问题的决定》。要确立生态环境损害责任终身追究制，把林业纳入生态文明体制改革的范围。党的十八届四中全会通过了《中共中央关于全面推进依法治国若干重大问题的决定》，把"生态文明"提升到了法治的高度。《中共中央关于全面推进依法治国若干重大问题的决定》中明确指出，要"用严格的法律制度保护生态环境，加快建立有效约束开发行为和促进绿色发展、循环发展、低碳发展的生态文明法律制度，强化生产者环境保护的法律责任，大幅度提高违法成本"。

党的二十大报告中指出，推进美丽中国建设，坚持山水林田湖草沙一体化保护和系统治理，统筹产业结构调整、污染治理、生态保护、应对气候变化，协同推进降碳、减污、扩绿、增长，推进生态优先、节约集约、绿色低碳发展。党的二十届三中全会对新时代新征程深化生态文明体制改革作出重大部署，强调完善生态文明制度体系。

习近平总书记从生态文明建设的整体视野深刻指出："人的命脉在田，田的命脉在水，水的命脉在山，山的命脉在土，土的命脉在树。"由山川、林草、湖沼等构成的天然生态体系相互依赖、密切联系。在面临资源与生态问题时,必须有整体观念,以实现生产、生活与生态的协调发展。"山水林田湖草沙是生命共同体"这一理念,需要我们在管理上进一步加强统筹协调。推进生态文明建设和生态屏障建设,应符合生态的系统性,坚持系统思维、协同推进。习近平总书记统筹山水林田湖草沙系统治理的生态观,为新形势下生态系统的修复治理、生态屏障的建设指明了方向,为国家生态文明建设和绿色发展提出了有力的政策指引。我国相对完善的生态文明理论体系,不仅满足了人民日益增长的对优美生态环境需要和环境治理要求,也是对新时期马克思主义中国化生态理论的良好补充和完善,为重庆筑牢长江上游重要生态屏障提供了重要理论基础。

三、筑牢生态屏障制度保障的逻辑框架

(一)基于重要生态屏障建设参与主体的逻辑框架

重庆在筑牢长江上游重要生态屏障的制度过程中,应充分考虑所有因素,搭建完整的重要生态屏障筑牢的制度框架。就参与主体而言,政府、市场和公众构成生态屏障筑牢的参与主体,三者互相配合、互为补充,共同促进生态屏障建设。基于参与主体的重要生态屏障筑牢的制度框架应以这三个层面为突破口,形成以政府为主的治理制度、以市场为主的市场制度和以公众为主的公众参与制度。

政府是重要生态屏障建设的引导者,承担制定重要生态屏障建设发展战略、进行重要生态屏障建设决策、推动重要生态屏障建设实施、保障重要生态屏障建设成效、提高生态屏障建设水平等重要职能。采取特定的政策,使长江上游地区的发展不超出生态环境的限制,是政府开展重要生态屏障建设工作的基本准则。政府应充分发挥主导作用,积极开展重要生态屏障制度建设的顶层设计工作;通过体制、机制、政策等方面的创新与完善,充分调动各方面的积极性,共同建设长江上游重要生态屏障,鼓励各类企业以绿色、生态的方式发展特色

经济;在制度的制定、执行和监督中坚持公平、公正的原则,充分听取当地公民、企业的意见,形成一套符合当地生态与经济和谐发展的规章制度,保证重要生态屏障制度建设朝着正确的方向进行。

重要生态屏障建设和相关制度的完善不仅依靠政府的引导,也需要广大市场主体的参与。企业在强力推动地区经济发展的同时,通过对资源的占用给环境带来污染。将生态与环境作为一项独立于经济活动之外、只由政府负责的公益事业,极易出现政府干预不当、决策成本高、政策效果滞后、财政投入不够等诸多问题。在这一背景下,遵循经济客观规律、充分调动市场主体参与环保的积极性,是构建我国重要生态屏障的核心问题。通过对资源环境产权的清晰定义,建立反映资源稀缺性的资源要素定价机制,使其在资源环境的最优分配中起到最大的作用,实现对资源环境价值的合理评估,降低市场的交易成本,为市场主体发展环保产业营造良好市场环境;完善绿色税收、绿色征费、绿色金融、绿色信贷和绿色补贴等环境经济政策,通过鼓励与限制相结合的方式促进绿色产业的发展。

重要生态屏障建设是一项艰巨复杂的系统工程,只有动员全体公众共同参与,才能使重要生态屏障的形成变成现实。充分发挥公众参与的作用,确保公众有效参与到重要生态屏障建设的过程中,是形成重要生态屏障建设长效机制的重要保障条件之一。公众是重要生态屏障建设的参与者和贡献者。公众通过多样的活动实践潜移默化地接受有关环境责任、环境法制和环境科学知识的生动教育,从而形成一种持续不断的社会力量。因此,需完善重要生态屏障建设的公众参与制度,使公众充分了解与参与重要生态屏障建设,这不仅能够使不同主体的环境利益得到有效表达、提升环境政策的科学化和民主化程度、减少环境政策实施过程中的阻力、提高环境制度的执行效率,还有利于提高重要生态屏障建设的公众自觉性,动员一切可以动员的力量参与到重要生态屏障的建设中,形成浓厚的生态文明社会新风尚。

(二)基于生态屏障建设全过程管理的逻辑框架

在生态文明时代,构建和完善更高层次的长江上游重要生态屏障是惠及整个长江经济带的伟大工程。重庆筑牢长江上游重要生态屏障,从本质上讲,维持长江上游可持续发展的生态安全体系,重点是:在生态区域、生态系统和生态过程等方面进行有效保护,实现对人类可持续发展有益的区域和生态过程的有效保障;恢复与重建在保护人类生存与发展中起着重要作用的生态系统。构建生态防护体系具有综合性,它是以保障人的生态安全为中心,以维持生态系统的良性循环为主要内容,以实现可持续发展为目的。因此,基于全过程管理的生态屏障建设的制度框架由对生态系统的保护巩固制度、生态系统的恢复重建制度和追责惩处制度构成,三个阶段的制度前后衔接、统筹结合。

(1)生态系统保护巩固制度建设。生态屏障的制度建设要从源头做起。在筑牢长江上游重要生态屏障的过程中,把握好生态系统保护巩固制度体系的全面性,实现对生态系统全面、严格地保护与巩固。通过健全自然资源产权制度、国土空间规划和用途统筹协调管控制度、河长制,实现重庆段长江上游生态系统的保护巩固。

(2)生态系统恢复重建制度建设。在重要生态屏障的制度建设中,生态系统的保护巩固制度是基础,生态系统的恢复重建制度是关键。目前,市内一些流域的生态系统已遭到破坏,健全生态系统的恢复重建制度紧迫且必需。生态系统的恢复重建主要涉及市内的生态环境修复与整个长江上游地区的生态系统恢复,需通过完善生态环境修复制度、生态补偿制度等,实现对流域生态系统恢复和重建过程的严控。

(3)生态系统追责惩处制度建设。在生态系统保护上严格把控,在生态系统恢复和改造过程中严格管控,在产生相关后果的行为上严格奖惩。在推进重庆筑牢长江上游重要生态屏障过程中,要规范和落实后果追责制度体系,在出口上严把质量关和效益关,保障重要生态屏障建设成果的真实普惠性。追责惩处制度是指对生态环境损害行为进行评价,并对其进行责任追究和惩罚。通过健全科学严谨的后果评估体系、生态损害责任追究制度和生态环境损害补偿制度,推进追责制度的实施。

第二节　筑牢重要生态屏障制度保障的基本遵循

一、党的领导与政府主导、多元参与的统一

为重要生态屏障建设提供坚实的制度保障,以制度保障长江上游的生态环境,最重要的是要以党的领导为基本遵循,要在构建生态文明的各领域、各方面、各环节中贯彻党的领导。中国共产党在中国特色社会主义建设中始终发挥总揽全局和协调各方的领导核心作用。党的领导是中国特色社会主义最本质的特征和中国特色社会主义制度的最大优势。在长江上游重要生态屏障制度建设过程中,必须坚持党的领导。另外,重要生态屏障建立的参与者和成果受益者为广大企业和居民,因此政府应发挥主导作用,通过经济、法律等手段,引导企业、公众参与到重要生态屏障建设中来,使建设生态屏障的理念走进市内千家万户,引导公众树立加强长江上游重要生态屏障建设人人有责的思想,形成党的领导与政府主导、多元参与的统一取向。

二、问题导向与理论研究的统一

重庆筑牢长江上游重要生态屏障制度,需要严格坚持问题导向。近年来,全市生态状况总体呈现不断改善趋势,但生态安全形势依然严峻,保护与发展矛盾依然突出,生态环境保护制度和相关体制机制不健全,需要瞄准现实问题建章立制。党的十八大以来,党中央强调用制度来管权、管事、管人。重庆生态

文明建设逐渐走上制度化、法治化道路,生态文明制度体系初见雏形。重要生态屏障建设制度体系的构建是一项复杂的、系统工程,要坚持马克思主义的重点论和两点论,从整体上认识我国重要生态屏障构建中存在的关键方面和关键问题,着力解决目前我国在筑牢重要生态屏障方面最突出、最迫切需要解决的问题;同时,也要加强理论学习和研究,不断试点探索,形成一整套反馈机制和实践机制,以有效的制度为重庆筑牢长江上游重要生态屏障保驾护航。

三、顶层设计与基层创新的统一

重庆在筑牢长江上游重要生态屏障建设的制度过程中,一方面应深化对习近平生态文明思想的学习、理解与运用,根据生态屏障及其制度建设的新要求,统筹考虑生态屏障制度的各层次与各要素关系,从整体性出发加强重要生态屏障制度建设的"顶层设计",提升全局统领力。另一方面从实际出发,立足重庆的生态环境制度建设情况,在完善顶层设计的同时"摸着石头过河",针对重要生态屏障及其制度建设中出现的新形势、新问题,改进制度的顶层设计,不断推进制度创新,尊重和发挥人民首创精神,做到顶层设计与基层创新的统一。

四、重点突破与全面监管的统一

基于重要生态屏障建设全过程管理的逻辑,重庆筑牢长江上游重要生态屏障的制度保障包括生态系统保护巩固制度、生态系统恢复改造制度、追责惩处制度,是一个完整的激励与约束、监管与惩罚、防范与化解并存的闭合逻辑。同时,应有重点地突破关键环节,打通脉络。在生态系统的保护巩固制度建设中,关键是全面推进主体功能区战略,科学划定生产、生活、生态空间,严守生态红线、资源上限、环境底线;在生态系统修复制度建设中,关键是建立税收、价格、金融等方面的激励机制,通过一定的生态补偿和资源有偿使用来鼓励节约资源,同时综合运用行政、法律手段强制性约束,建立和完善生态系统修复的制度体系;在追责惩处制度建设方面,重点是探索生态环境的监测和评价、生态屏障建设的目标及后果的评价考核、生态环境公益诉讼,对违背重要生态屏障建设的行为真追责、严追责、终身追责,强调以生态环境善治为最终目的的生态修复。

五、系统性与协调性的统一

重要生态屏障制度建设是一个集系统性、全局性和整体性于一身的重大工程,按照人口资源环境相均衡、经济社会生态效益相统一的原则,整体谋划国土空间开发、资源高效利用、生态环境保护、生态系统修复、绿色产业发展、财税金融和科技政策等一揽子政策,建立一套全面深化和系统集成的保障人与自然和谐共生的重要生态屏障制度体系。在进行制度设计时应充分考虑整个制度体系的协调程度,牢牢树立整体性、系统性、协调性和规范化的思维,使制度彼此之间相互协调、统一有序、适用范围清晰、功能职责明确;保证生态屏障各项具体制度之间的有机融合、混合共治,以更好发挥制度的联动效应。

六、经济发展与环境保护的统一

经济发展与环境保护一直是饱受争议的一对矛盾。"深绿"思潮将生态文明与人类文明对立起来,主张抛弃人类中心主义,用生态文明代替工业文明。但单纯强调经济发展,忽视资源的合理开发和集约利用、生态环境的保护,最终只能导致资源枯竭、生态环境不可修复,甚至文明的衰落。因此,长江上游重要生态屏障制度保障的构建必须摒弃以上观点。时刻谨记"绿水青山就是金山银山",将经济发展与环境保护的统一作为基本取向,才能把生态保护与社会经济发展很好地结合起来,避免"边治理边破坏""破坏大于治理"等治不胜治、防不胜防的局面,真正实现绿水青山向金山银山的创造性转化。

第三节　筑牢重要生态屏障的制度保障架构

重要生态屏障制度建设不是建立某一单项制度,而是根据一定原则,在夯基垒台、立柱架梁、理顺各种制度间关系的基础上,建立系统全面的制度体系。基于此,以习近平生态文明思想为行动指南,基于重要生态屏障建设的参与主体逻辑与全过程管理的逻辑,以生态保护制度、生态修复重建制度、绿色技术创新制度、环保责任追究制度、生态综合评估制度、法律保障制度、公众参与制度、生态文化培育和生态道德教育制度为着力点,构建一个各项制度有序分工、相互配合、环环相扣的生态屏障制度体系,有效保障长江上游重要生态屏障建设,切实筑牢长江上游重要生态屏障。

一、生态保护制度

长江上游重要生态屏障的生态保护制度包括国土空间规划用途统筹协调管控制度、自然资源产权制度以及河流专项保护的河长制度。

(一)国土空间规划用途管制制度

国土空间是经济社会发展和生态文明建设的空间载体,合理的空间规划是实现国土资源有效开发和可持续发展的前提。面对突出的土地资源紧缺难题和国土空间需求矛盾,应建立统一规范、权责清晰、科学高效的国土空间规划体系,健全用途管制方式,提升空间治理能力,突出国土空间规划"三线"管控作用,建立完善与重庆的生态环境承载力相适应的国土空间规划用途管制制度。

(1)分级分类构建统一空间规划体系。构建全市"三级三类"国土空间规划体系,明确全市国土空间开发保护目标、底线约束、控制性指标、相邻关系。坚持底线思维,以国土空间规划为依据,立足重庆资源禀赋特点,结合资源环境承载能力和国土空间开发适宜性的区域分布,依法依规科学优化市内生态空间、农业空间、城镇空间和生态保护红线、永久基本农田、城镇开发边界"三条控制线",将其作为调整经济结构、规划产业发展、推进城镇化不可逾越的红线。

（2）分区分类研究制定用途管制方式。以国土空间规划为依据,分区分类研究制定用途管制方式。首先,分区制定用途管制方式。根据主体功能区战略和国土空间规划,在确定全市、区县主导功能基础上,明确用途管制分区和地类约束,实现差别化管理(樊杰,2015)。对城市开发边界以内的建筑实施"详细规划+规划许可"相结合的控制模式;城市开发边界以外的区域,应按照主导用途分区,采取"详细规划+规划许可""约束指标+分区准入"等控制模式。其次,分类研究制定用途管制方式。细化自然保护地、重要水源地、文物等空间用途管制。按照使用性质划分为不同的功能区,确定各功能区的基本用途。制定相关准入规则,明确列出该区域内运行的土地活动及严禁开展的活动。

（3）探索建立用途管制留白机制。在三条控制线之外规划留白区域,建立完善用途转化制度,包括生态留白区域、农业留白区域、城镇留白区域。其中,生态留白区域必须严格禁止开发性、生产性建设活动;农业留白区域参照永久基本农田储备区进行管控;城镇留白区域以城镇弹性发展区为参考进行管控。

（二）自然资源资产产权制度

自然资源资产产权制度是重庆筑牢长江上游重要生态屏障的一项基础性制度,它以法律的形式规定自然资源的使用主体及权利,是全民所有权和集体所有权的创新且有效的实现形式。这一制度在不改变所有权的前提下,通过明晰产权破解"公地悲剧"和"搭便车"困境,最大限度地激发市场活力,实现外部效应内部化。构建权责明晰的自然资源产权制度有利于实现对自然资源的高效利用,对新时代重庆筑牢长江上游重要生态屏障具有重要作用。以落实产权主体为关键,以确权登记为基础,以建立自然资源产权交易市场为抓手,建立健全全市自然资源资产产权制度体系。

（1）明晰自然资源产权的界定。首先,明确界定自然资源产权归谁所有,避免侵权现象出现。明晰自然资源归国家所有或是归集体所有,既能有效避免集体产权与国有产权的互相侵蚀,又能固定责任主体。责任主体不仅享有自然资源所有权,还需要承担保护、监管自然资源资产的义务,承担相应的法律责任。自然资源既包含了传统上用于进行生产的矿物资源,也包含了如空气、湿地等生态系统和环境资源。因此自然资源资产产权以此分类,即赋予具有经济效益的自然资源的使用权人使用收益的权利,对具有环境效益的自然资源,可将包括所有权在内的基本物权赋予生产者和资源保护者。其次,针对难以确定的自然资源,如水资源、碳排放权和排污权,避免存在的权属纠纷,从占有、使用和收益三个角度出发,将水权、碳排放权和排污权以定额的形式向需求者发放,再由市场参与配额交易。

(2)健全自然资源产权登记管理。明确界定自然资源产权,建立健全自然资源统一确权登记工作机制,推进自然资源统一确权登记工作制度化、规范化、标准化。长江上游生态系统的保护涉及自然资源的合理调配、开发利用等,需从生态系统保护角度,关注生态环境污染防治、生态环境质量提高、生态保护、风险防范和安全保障,重点推进自然保护区和自然公园等各类自然保护地、重点国有林区、湿地、河流等重点区域的确权登记工作,逐步完成自然资源产权的确权登记。

(3)建立自然资源产权交易市场。随着产权相关基础工作的逐步到位,出现更多产权流转需求是必然趋势。政府应顺势而为,建立自然资源产权交易市场。自然资源具有公共产品的属性,所有权为国家独有,但可以采取适当的形式向私人出让环境资源的使用权。自然资源要能够进入市场交易,必须确定其产权并对自然资源合理定价,形成自然资源价格机制,进而形成有偿获得自然资源使用权的制度安排。目前可以建立完善的自然资源产权的措施包括排污权交易和捕鱼权交易,二者是现有条件下运用市场手段治理环境的有效途径。

(三)河长制

河长制由党政领导担任河长,依法依规落实地方主体责任,协调整合各方力量,能够有力地促进水资源保护、水域岸线管理、水污染防治、水环境治理等工作(曹新富、周建国,2019)。随着重庆河长制的实施,全市水域水质持续改善,龙溪河、任市河和临江河等主要河道的综合整治工作不断深化,水体质量从Ⅳ类提高至Ⅲ类,长江重庆河段水质为"优",全国考评的 42 个断面中,水质优良比例 90.5%。但仍存在机构人员落实不到位、法律保障缺失、统筹协调联动有待加强、考核指标体系及奖惩激励机制不完善、民众监督渠道不畅通的问题。

(1)完善河长制组织体系。河长制作为一项长期的重大改革工作,涉及面广、矛盾复杂、协调工作繁重。目前,作为牵头的总河长需要突出河长办牵头抓总的定位,防止河长制部门化。在此基础上,将"河长办"与市委、市政府办公室之间的联系进行梳理,要使河长办与各相关部门之间的关系更加明确,对各部门的工作目标进行详细规定,并通过对各部门进行督查、考核等奖惩措施,使各部门能够积极地履行自己的工作。在此基础上,进一步明确各主要河道的责任主体,实行工作列表制度,并对各责任单位进行专业培训。

(2)加强河长制法治保障。2017 年 6 月 27 日,河长制写入《水污染防治法》,意味着这一制度正式被纳入法制化轨道,成为法定的长期制度安排。浙江、安徽、江苏、上海等省市随后皆在有关地方法规中写入了河长制,重庆通过立法将河长制经验固化,明确河长长职责、义务,促进全市各级河长依法履职尽责,同时为河湖管理保护增强法治保障。

(3)建立河流跨行政区联防联控机制。立足河流跨区域特征,采取走上游、访下游的方式,推动跨行政区河流上下游责任共担、风险共防,探索建立河长办联席会议制度。从流域层面分析问题、研讨对策,推动流域综合治理,通过联合巡河、联合执法、联合水质监测、信息共享等措施,协同落实跨行政区联席会议制度,推动整个长江上游流域的联防联治。

(4)强化河长制监督考核机制。首先,加大督查督办力度。根据相关规定,由市委、市政府督查室负责对各区县及各部门进行综合督导,并定期邀请监察、专家、媒体等力量参与,强化督察工作的成效与功能,层层落实各项职责;制定分级督导机制,对一般事项给予市级河长处理,对重大事项由河长签发河长令。

其次,完善考核指标及技术支撑体系。在考核指标上,将工作和效果同考核,按照工作方案、一河一策以及制度措施考核,效果按照水质的指标而不是类别考核;在技术支撑体系上,将跨界断面水质监测按照市区县分级、统筹整合,围绕质量、保密安全原则开展,以强化考核效果的技术支撑,便利监督考核工作。

二、生态修复重建制度

(一)生态系统修复制度

生态系统的结构和功能的恢复不仅依靠生态技术手段,还需要制度保障。目前,重庆通过湿地保护、退耕还林、国土绿化提升、水土流失及石漠化治理等各项生态保护和修复措施使全市森林生态系统、湿地生态系统和生态敏感脆弱区得到极大保护和修复;印发了《关于推进长江上游生态屏障(重庆段)山水林田湖草生态保护修复工程的实施意见》,开展山水林田湖草系统性修复。但市内水土流失严重及石漠化问题仍然突出,生态修复工作缺乏系统性的制度保障。需从完善生态系统损害评估机制、健全生态系统修复基金制度、构建有效的生态系统修复责任监督制度、建立跨省生态保护和修复合作机制四方面构建全面的生态系统修复制度体系。

(1)完善生态系统损害评估机制。生态系统遭受人为损害后,目前,我国的生态破坏程度与修复费用存在较大的主观性与不确定性,亟须通过法律手段对其进行规范,创新相关量化方法。另外,生态系统损害程度的计算过程涉及生态学、数理统计学等专门技术,必须有相应资格的第三方机构对其进行鉴定,确定其修复所需费用后,才能最终确定是否采纳。

(2)健全生态系统修复基金制度。生态系统修复基金制度是生态系统修复目标实现的有力保障。生态修复资金的来源包括各级财政拨款、社会捐赠和罚款等。这不仅是对生态修复和生态建设的支撑,在侵害者不能履行修复责任时,还可以将个体责任转移到国家、社会或者多个企业身上,并建立起赔偿责任的补偿机制,使其真正得以实施。要构建国家统一的生态修复基金体系,必须对基金的收入、支出、责任主体、适用范围、监督主体、运行管理和资金来源进行界定。社会化救助能够有效减轻社会公众对环境伤害的负担,但是,为了防止因个别行为而导致的社会负担过重,这种救助模式只能作为一种补充性和补偿性的补救措施,生态污染直接损害者还是应当担负起治理的主体责任。

(3)建立一套行之有效的对生态环境修复的监督制度。社会舆论监督是一种重要的公共利益保障机制,可以弥补生态环境在行政层面的保护失效和在公益自发中存在的空缺。第一,引导社会各界积极主动将破坏环境行为和相关责任部门的失职向相关部门进行举报。第二,依法依规,建立适当的、具有法定身份的社会中立团体或机构,对有关的开发活动进行必要的信息公开,使之在阳光下运作,使公众对环境污染的成因、危害程度、修复方式、修复结果有清楚的认知。第三,在制订生态修复方案或计划时,应向法庭申请聘请专业的第三方组织或机构,全面评价与生产生活项目有关的生态环境影响,并提供专家建议,为项目的实施开展提供专业、客观、充分的建议。

(4)建立跨省生态保护和修复合作机制。为统筹山水林田湖草沙等生态要素,统一谋划、共同实施,推进上游省市地区共同筑牢长江上游重要生态屏障,需与四川、贵州、云南三省共建长江上游生态保护和修复合作机制,加强战略协同、规划衔接,加强在跨境河流污染联防联控、生态空间一体化管控等方面的协商互动(罗明等,2019)。一是建立长江上游流域生态安全格局,确定长江上游区域的生态环境保护与修复战略。二是以长江上游为重点,推动跨省市、跨区县、跨部门的协作,健全区域内的生态修复联合整治工作,强化跨省市水环境监测网的构建,推动相邻区域的环保基础设施共建共享,推动畜禽养殖、入河排污口、环境风险隐患点的联合治理,以及工业化工污染治理。三是加强跨界河流的共同监管,对跨界河流的环境污染问题进行源头调查,对跨界河流中的涉河问题进行联动处理,对突发的边界突发事故进行共同执法和协同处理。

(二)生态补偿制度

生态补偿制度是以实现自然资本的公平分配与使用为目的,将生态环境保护和可持续利用协调统一,以经济手段为主调节相关者利益关系,促进补偿活动的各种规则、激励和协调的制度安排(郝栋,2020)。生态补偿制度规定由生态受益者向生态保护者支付一定的费用以平衡保护者和受益者间的利益,是一项能够更好调动双方积极性的生态经济政策。生态补偿制度的建立有利于实现市内自然资源的高效利用,在综合考虑生态系统服务价值、保护成本及发展机会成本的基础上,运用行政和市场手段,按照"谁保护、谁受益,谁污染、谁付费"的原则建立生态补偿制度。

(1)提高生态补偿的法治化水平。环境财政税收政策的稳定实施、生态项目建设的顺利进行以及生态系统管理的有效开展,皆以法律为保障。目前,重庆还没有出台一部专门针对生态补偿制度的法律法规。因此,必须推进生态补偿立法工作,填补生态补偿法律法规的缺口,在法律上确立生态补偿的必要性。在现有环境保护法律法规体系的基础上,对生态补偿的必要问题作出立法解释,将生态环境部门作为生态补偿执法主体进行制度设计,将过去分散的执法主体统一起来,形成制度合力。另外,当前各项生态保护和建设的生态补偿政策主要以工程项目的方式出现,存在政策的连续性不强且实施具有不确定性等问题,需进一步完善生态补偿制度。

(2)拓宽生态补偿的形式与渠道。现阶段重庆对生态保护的补偿主要通过财政转移性支付实现,多数情况下无法满足生态保护补偿资金的现实需求,应发展其他形式进行生态保护补偿,如政策支持、项目支持、智力支持等,实现"输血式"补偿向"造血式"补偿的转变,并引入生态补偿的市场交易机制,让生态保护补偿主体在自由、开放的市场条件下,自主进行协商。另外,除了进一步完善经济补偿方式,还可以综合运用绿色金融、飞地经济、人才培训等多种路径,优化生态补偿效果。

(3)完善生态补偿标准。是否采取正确方式使用补偿金,直接关系到补偿的有效性与可行性。因此,必须加强相关指导,建立科学的补偿标准。一是建立一个涵盖流域内各个行政单元的生态补偿基金,由市级承担一部分,各区县之间的生态补偿成本也一并纳入到基金中。二是要强化对资金使用的运用。结合其他省市的经验,研究制定《重庆市流域跨界断面水质考核补偿金使用管理办法》,明确补偿资金的来源、支出方向、扣除标准、额度和管理程序,以保证补偿资金的合法、合规和合理使用;补偿款除用于上、下游地区间的补偿外,还应当包含在市内统筹使用的安排中。三是逐步完善补偿标准。畅通利益相关各方表达补偿诉求的渠道,听取各方意见,在协商和博弈的基础上确定补偿标准,并建立生态补偿标准的动态监测和调整机制,逐年对生态补偿标准进行检验、根据具体情况的变化适时做出调整。

(4)建立跨省生态补偿磋商协作机制。联合长江上游流域其他省市建立生态补偿跨省磋商协作机制。在磋商平台方面,联合生态环境部、市级人民政府建立横向生态补偿磋商服务平台,将有关机构纳入其中,并将其作为平台的成员,构建一个畅通的需求对接通道和标准化的对接机制,为参与各方协商创造有利的条件。在磋商程序的构建方面,详细规定磋商的启动、调查评估、方案讨论、公开评议、签订协议和后续评价等环节,并对磋商的时限、终止情形和监督进行详细规定。在磋商的方式上,不局限于供、需求的分别对接,参照四川省沱江流域 7 个城市签署的《沱江流域横向生态保护补偿协议》,采取由上级牵头,集体磋商,分别签约的方式进行磋商。

三、绿色技术创新制度

绿色技术创新是将生态原理和生态技术经济规律融入传统技术创新的一种新型创新系统(宗楠、孙育红,2018),是解决经济发展过程中资源约束、环境污染、产能过剩的有效途径,也是推动筑牢重要生态屏障的不竭动力和现实需求(唐勇军,2020)。必须建立一套行之有效的制度体系,以制度为重庆的绿色技术创新活动保驾护航。构建绿色技术创新的制度体系涉及相关法律制度的完善以及协同创新制度、市场交易制度和相关激励制度的健全。

(一)完善绿色技术创新的法律制度

从可持续发展角度出发,将"绿色"观念融入现有立法,以推动、引领绿色科技的发展。首先,将生态化的理念纳入法律制度之中。以科技立法为手段,对科技成果的经济至上目标进行有效调控,使科技成果在经济与环境两个方面都能得到充分的发挥。其次,要落实好生态安全理念,突出生态环境保护的优先性;必须强化科学与技术的危险性与安全性研究,并对那些有潜在危害的技术革新进行管制。最后,要遵循谨慎的选择准则。在科技立法中,要建立合理的论证与预警机制,对科技的消极作用进行全面评估与客观评估,谨慎地进行筛选,才能避免因技术革新而引发的生态环境风险。

(二)建立绿色技术的协同创新制度

发挥科技创新对市内绿色生态产业发展的驱动作用,关键是为政产学研深度融合提供制度保障。一方面,引导市内科研院所更多聚焦绿色发展前沿和应用基础研究,打造引领行业发展的原始创新高地;另一方面,在做好顶层设计和政策引导的前提下,加强企业国家重点实验室建设,推动市内生态产业、高等院校和研究机构加强合作沟通,支持企业与高校、科研院所等共建研发机构和联合实验室,创建绿色技术研究院,搭建绿色技术协同创新的各种平台,加强面向绿色产业共性问题的应用基础研究,促进绿色生态产业发展。

(三)建立绿色技术的市场交易制度

为了促进绿色技术创新,促进技术创新与环保产业的深度结合,加强科技成果的转化和运用,必须要有相应的组织、管理、制度和环境等方面的支持,其中最重要的就是对绿色技术、产品和服务的定价体系进行完善,在此基础上,健全绿色科技成果的国际化、市场化和专业化的转移与转化体系,构建绿色技术的市场化交易体系(陈庆修,2002)。在信息技术的支持下,构建一个统一、透明、高效的绿色技术交易平台,对规则流程进行统一的制定,对市场交易进行统一的规范,对信息发布进行统一的发布,建立统一诚信体系,对交易的形式进行标准化,对所有阻碍市场统一和公正的制度和惯例进行清理,让交易过程更加透明,让交易的制度更加健全,减少交易费用,在一个公正的环境中,让城市中的创新资源得到最好的分配。

(四)建立绿色技术创新的激励制度

通过直接激励与间接保障等多种政策和手段,对绿色技术创新进行激励。直接激励政策主要包括绿色税收制度和金融支持政策。绿色税收制度设计上,对污染者征收排污费(税),以此来鼓励企业参与到环保科技的研发中,通过开征资源税鼓励整个社会进行资源的节约与高效利用,对于环保科技的研究与开发与运用,可以在税务上予以一些减税,以此来达到推动绿色技术创新的目标;绿色技术创新的金融支持政策设计上,对绿色技术创新进行补贴、贷款、提供设备等为其提供直接的金融支持,通过发行环境债券、引入风险投资等为其提供间接的金融支持。间接保障政策主要指为其提供有助于绿色技术创新的信息和咨询服务,如搭建信息交流平台、建设专业图书馆、数据库、提供咨询服务等。

四、领导干部责任追究制度

在单纯追求 GDP 为增长目标、追求"金山银山"而破坏"绿水青山"的传统增长方式导向下,部分领导干部把政绩简单等同于 GDP 增长。需对相关部门提出生态屏障建设绩效考核和责任追究制度的具体要求,进一步明确地方党委政府在生态屏障建设上的党政同责,落实责任承担主体,有效保障生态屏障的全面建设。

(一)健全领导干部自然资源资产离任审计制度

近年来,重庆持续开展领导干部自然资源资产离任审计。自然资源资产离任审计是一项全新的审计任务,目前在市内取得良好效果,积累了宝贵经验,但自然资源资产离任审计仍然面临不少困难,需从以下方面进行完善。

（1）聚焦重点领域，拓展审计深度。聚焦市域水、土地、森林、矿产资源的管理开发利用，因地制宜选择重点领域、重点资源、重点改革任务、关键环节以及重大项目和资金进行审计，在总结以往年度审计实践经验的基础上，拓展审计深度，重点揭示我国在自然资源资产的管理、开发、利用和生态环境的保护领域的亟待解决的问题和风险隐患，深入分析原因，提出合理化建议，依法查处和移送违纪违法问题线索，督促领导干部切实履行自然资源资产管理和生态系统保护责任，促进自然资源资产节约集约利用和生态环境安全，推动长江上游重要生态屏障建设的顺利推进。

（2）充分运用大数据开展领导干部自然资源资产离任审计。通过大数据比对自然资源资产、生态环境领域中的各项数据，提高审计发现问题的广度和深度，扩大问题覆盖面（程春明等，2015）。充分运用 GPS 全球定位、遥感影像技术掌握森林资源、水资源的变化情况，结合规划和自然资源局等主管部门的自然资源资产资料，对跨行业、跨领域、跨时间的数据进行碰撞分析，提高审计效率。

（3）正确把握标准，合理审计评价。审计评价应坚持"审计什么，评价什么"、定性与定量评价相结合的原则，结合领导干部任期内的资源环境实物量和质量变化情况、约束性指标或目标责任完成及数据真实性情况、重大环境或资源环境毁损事件发生情况、履职尽责中是否存在违纪违法违规问题等四方面的内容，对被审计领导干部履行自然资源资产管理和生态系统保护责任情况进行总体评价。根据工作实际研究细化评价标准，客观审慎作出审计评价，切实发挥审计促进自然资源保值增值的作用。

（二）完善领导干部生态环境损害责任终身追究制度

领导干部生态环境损害责任终身追究制度的实践在市内取得了诸多成效，但是该制度还处于不断完善阶段。为更好发挥领导干部生态环境损害责任终身追究的效果，需从环境监测制度、干部政绩考核评价机制、环保督察机制等方面进行健全完善。

（1）完善环境监测制度。环境监测工作为了解环境现状、资源储备情况提供数据支撑,对了解领导干部生态环保履职尽责情况具有重要意义。从人员和设备两个方面完善环境监测制度:首先,打造高水平的监测技术人员队伍。定期开展工作培训,不断深化监测技术人员业务水平,提高技术人员的工作能力,保障环境监测工作的有效展开。其次,保障监测设备的配备。除需要一批专业能力过硬的技术人员外,环境监测工作的展开离不开仪器设备的补充,在资金允许的情况下为其提供专项资金支持,不断充实各类监测仪器,为环境监测工作的开展提供物资保障。

（2）健全绿色 GDP 核算和考核体系。环境保护工作是否有效,核算和考核体系是关键。为了引导领导干部树立新发展理念、转变政绩观,压实责任、强化担当,加快建立健全市内生态状况和自然资源价值的考核评估指标体系,将绿色 GDP 纳入到对党政领导的绩效考评中。绿色 GDP 是扣除环境污染的损失价值和资源损失的价值后的 GDP。在政绩评价中,将民生改善、生态效益、社会效益等作为一项主要指标,以此来提高领导者决策的正确性和科学性,从而转变政绩观,达到对干部政绩的全方位、全方位的评价,同时也把评价成果作为评价干部政绩的主要指标之一。

（3）健全环保督察机制。环保督察是强化生态环保责任的一项重要举措,完善环保督察机制能够为领导干部生态环境损害责任终身追究制度提供有效支撑。目前,重庆已成立环保督察整改小组,督查工作的落实是关键。首先,应紧紧围绕国家级自然保护区以及地方级自然保护区,对发现的问题全部建档立卡,拉条挂账,向社会公开透明化,发挥社会监督作用。其次,开展环保督察"回头看",针对突出的环境问题,开展专项督察,并推动专项督察进一步法治化、规范化,实现重庆环保督察的全覆盖。最后,强化督察结果的运用,将督察结果作为对被督察对象领导班子和领导干部综合考核评价、奖惩任免的重要依据,应按照干部管理权限移送有关组织(人事)部门。

五、生态综合评估制度

作为一个与经济系统、社会系统多重交织的复合生态系统,重要生态屏障的多功能性、不可替代性,使得生态系统的综合评估、开发利用、保护和管理等各项活动之间相互联系、形成整体。全面综合评估生态环境是系统治理思想的扩展应用,有助于识别市域内部各地区的生态空间特征及其优势,为长江上游地区构筑重要生态屏障奠定坚实的理论与实践基础。

(一)明确评估主体与评估对象

就评估主体而言,综合生态评估是一项对专业技术水准高要求的工作,必须要有一支具有丰富的实际管理经验以及具有一定的生态环境保护专业知识背景的管理者队伍,同时也要让有关的环境科学专家参与进来,掌握最新的研究动向,为评估的制定提供不断更新的基础和规范。在评价过程中,要引入社会大众,提高评价的公开、透明程度。

就评估对象而言,概念的确定是明确综合评估制度的适用范围和对象的依据。结合生态系统管理理念,评估对象不仅落实在市内生态环境自身指标的量化上,即全市森林覆盖率、城市建成区绿化率以及水生态环境质量等方面,此外,还应该考虑到本市的基本国民状况、社会经济状况、风俗习惯等社会要素,建立市内各地区的生态保护综合评价体系,通过评价目标的定量化和精细化,明晰市内各地区的生态环境保护的差异性,增强管理的实效。

(二)推进建立多层次生态综合评估制度体系

(1)建立生态产业综合评估制度。立足产业效率和生态效率,从经济社会发展、生态保护、资源消耗、污染排放和资源循环利用等维度,针对不同类型生态产业制定综合评估标准,为生态产业的系统规划和行动方案提供依据。

(2)建立生态环境专项工作和重大项目的综合评估制度。在制定及实施重大生态政策或项目时,将政策或项目的预期效果及实际效果,与重庆市筑牢长江上游重要生态屏障的总体目标进行对照。建立执行前效益预估、执行中进度分析、执行后效果评价的全过程评估体系,综合评估每项政策、每个项目在资源环境和经济方面的成本效益。

(3)建立各区县、各行业环境风险的综合评估制度。充分考虑市内各区县、各行业环境风险的差异特性,根据各区县、各行业污染物对环境指标的影响程度,列出重点关注指标,采取重点措施降低关键指标影响。分区县、分行业构建环境风险等级评估标准,建立各区县、各行业的环境风险等级评估体系。

六、法律保障制度

(一)法规条例修订制度

(1)做好生态环境领域相关法规条例的"立、改、废"工作。着眼生态屏障建设需要,从实际出发审视重庆在生态、环保方面的规章制度。相应的对策既要包括对破坏生态的赔偿和处罚,又要注意对其进行事先的保护和防范。结合重庆实际情况,反思我国的生态法制,认真做好我国生态法制的制定、修改和废止工作,提高法制的科学性、有效性和针对性,从而更好地适应重庆的实际需求。

(2)创新生态环境立法体制机制。完善和健全以立法机构为主导,社会各界共同参与的工作格局。第一,在涉及一些有较大争议和利益关系复杂的地方,充分考虑到专家、学者和群众等多个层面的观点,并将其纳入其中,或者将有关的法规草案交给第三方进行制定,以确保我国的生态环境法制建设的民主性。第二,探讨中央立法和重庆立法之间的联动机制,在此基础上,重庆人民代表大会可按照法定职权开展地方立法,通过试点先行,吸取经验教训,使中央政府和各地的立法协调联动。第三,探索长江上游省域联合立法、司法模式。针对长江上游流域性问题,构建云贵川渝三省联合立法协商机制通过省级立法机构协调论证,制定统一的标准、准则和原则,在此基础上,开展"长江生态检察官制度"的研究,通过立法和司法的手段,推动长江上游流域的共同治理。

(二)综合行政执法制度

针对长江上游重要生态屏障建设过程中可能存在的执法制度不完善、不严格问题,改变传统执法方式,从执法机构和执法环节上创新执法新模式,加强执法工作监督,建立健全生态屏障建设综合行政执法制度。明确生态综合执法事项是一项复杂的系统工程,在加强生态领域执法统筹、加强执法部门间的配合、加强综合执法队伍建设、加强生态综合执法的立法保障等方面不断探索。

(1)加强生态领域执法统筹。生态屏障的综合执法需要自然资源部门、综合生态执法部门、公安部门和司法部门的协同配合。建议成立生态环境领域综合行政执法领导小组,负责统筹生态系统保护综合行政执法,协调推进相关部门协作,研究制订行政执法工作计划,牵头落实工作安排,保证有关部门对改革目标和要求的切实贯彻,为我国的生态环保事业发展提供合力支持。

(2)加强执法部门间的配合。在行政管理方面,要强化各行政机关的协作,实行"生态责任制""行政问责制"。进一步加强行政机关的环保责任,增强行政管理的观念,加强行政管理的规范性和强制性。加强跨层级、跨地区、跨流域的联合执法,确保各个部门之间的相互协作,消除被动逃避责任的情况。将行业管理、属地和企业主体责任都纳入其中,确保事前审批和事中事后监管执法的顺利衔接,提高环境执法效能。

(3)加强综合执法队伍建设。首先,加强综合执法队伍的专业化水平建设。强化对自然资源领域的综合生态执法队伍的培养,结合其整体状况对执法任务进行精细分配,根据不同的执法任务,选出最适合的执法队伍,提高整体的生态执法能力。其次,要强化对执法队伍整体素养的培养。推动理论与专业训练相融合,提升其整体素养,努力建设一支高素质的生态环保综合执法团队,增强其整体管理能力。

（4）加强生态综合执法的立法保障。当前，重庆先后颁布了多部有关环境保护的地方性法律，但主要针对城市管理和文化市场两大类，而对生态综合执法的地方法律还没有制定。为使重庆的环境保护工作持续依法开展，必须尽快制定地方性的环境保护法律法规，这是长江上游重要生态屏障建设的现实需要。对重庆市现有法律、规章和有关政策进行系统的整理，并对其中存在的问题进行必要的清理、修改与补充。为加强生态综合执法的法治保障，应尽快制定《重庆市生态综合执法条例》，全面解决法律规则尚存的矛盾点、冲突点。

七、公众参与制度

生态屏障建设的系统性、复杂性要求市内每个公民共同努力，提高生态屏障建设的公众参与力度，扩大公众参与范围，构建公众参与生态系统保护与修复工作的制度体系。建立完善公众参与制度，赋予公民对生态屏障建设的知情权和参与权，保证市内公民全面、详尽地获得生态屏障建设的信息，是提高公民参与生态屏障建设积极性的重要途径之一。注重完善公众参与的立法机制，构建政府主导、多元共治的管理体系，并细化现有规范、保障公众参与的落实。

（一）完善公众参与的立法机制

建立健全公众参与制度，需完善公众参与的立法机制，推动通过立法确立公众参与的内容，确定公众参与形式，从法律上明确立法和行政决策中公众参与的具体权限。首先，要重视公民在参加过程中的申请权利以及参加方式的自由。依据工程建设对生态环境的破坏情况，将其分为申请和参加方式两种类型。其次，要注意听证的合法性和合理性的设定。对于专家和社会团体，则采用听证会的方式。针对其周围的社区，通过听证会和问卷调查等方式进行调查。此外，还应强化对公众参与的司法复审，健全对其进行的监管与补救，使检察机关和环境公益诉讼之间形成良好的配合。

（二）构建政府主导、多元共治的管理体系

针对公众参与不够的现状，应拓宽公众参与的领域，提高公众参与的水平，探索以"政府主导，企业参与，公众监督"为主体的多元化管理方式。通过对企业进行环境保护的激励措施，对其进行监管，在政府的监管和鼓励下，企业会充分地调动自己的积极性，运用市场的方式来积极地实践自己的生态环保观念，并且在关系到普通大众的环境权益的时及时地公布相关的信息，按照法律规定，让公众能够更好地参与到社会中来。在我国，公民是我国自然保护地社会治理的主体，其公民的知情权、参与权和监督权是其参与环境治理的关键。社会大众既可以通过信息披露来消极地获得，又可以通过自发的环境检测获得有关的信息。

（三）细化规范、保障公众参与多方面落实

以"阶梯型"的公共参与模式为基础，积极推进"多形式、多层次"和"可持续"的公共参与机制。首先，建立多元化的参与机制。根据不同的情况灵活运用宣传栏、宣传手册、平面广告、电视台、互联网、问卷调查、座谈会、专题研讨会、专家论证会以及专题群众活动等。其次，要重视社会大众的深入参与。在制定重要的生态环保工程之前，对社会各界进行了广泛的咨询；在拟定工程前期策划书的基础上，组织社会各界人士参加工程策划的可行性研究；在工程建成后，积极倡导市民对工程进行维护。最后，建立公众信息反馈制度。向市民提供大量的评论和建议并形成常态化机制。

八、生态文化培育和生态道德教育制度

观念层面的生态屏障制度体系建设表现为生态文化培育制度和生态道德教育制度的建立。普及建设生态屏障的思想应通过生态文化的培育和生态道

德的教育来实现。观念是行为的先锋,在积极推动生态屏障建设的基础上,提升公民的人文素养是第一位的,要树立起人与自然和谐共生的观念。

(一)生态文化培育制度

生态屏障建设理念以生态文化为基础。要推动重要生态屏障建设,必须通过生态文明的培养,增强公众的生态环保意识。提倡生态文明,培养环保观念,有助于公众进一步意识到建设重要生态屏障的必要性、重要性和迫切性。长江上游重要生态屏障建设是一项综合性的、系统性的工程,不可能只凭几个人的力量就能完成,而要依靠整个公众的生活习惯和观念的不断更新,通过生态文化建设提升人们的环保意识,使其树立尊重生态环境、保护生态系统的观念,才能推动建设生态屏障的要求渗透到社会的政治决策、经济行为与公众生活中,推动长江上游重要生态屏障的全面筑牢。倡导、推广生态文化是重庆全面筑牢长江上游重要生态屏障的战略选择,也是重庆实现可持续发展的必然要求。

提倡生态文化,培养全民生态文化素养,从培养全民的生态文化素养和健康消费习惯入手,让他们的消费水平与物质生产的发展水平相适应,与生态环境的可承受程度相适应,养成崇尚节俭的合理消费观念,实现资源节约与生态保护的双赢。其次,要使公众树立人与自然协调发展的观念,营造"以保护环境为荣"的良好社会风气,提高公众的"环保意识"。培养大众的生态文化就是构建生态屏障的"软实力"。

(二)生态道德教育制度

生态道德教育是全面提高公民生态意识的重要途径,主要由生态道德意识教育、生态道德规范教育和生态道德素养教育三个部分组成。生态道德教育的作用就是要提升公民的生态道德素养,让他们形成尊重自然、顺应自然、保护自然的观念,从而能够有意识地形成保护自然的行动规则和伦理,更好地完成公民对生态环境的保护,履行社会责任。

强化保护环境的生态道德义务是建立生态道德教育制度的主要内容。保护生态环境是重庆市民义不容辞的生态道德义务。环境资源是全体公民共有的,公民也必须共同承担保护生态环境的义务。生态道德教育就是要转变只顾自己的私利而不顾生态环境,只顾眼前得利而不顾长远利益,只为发展而不为平衡,只为权利而不为责任,将发展经济与保护大气、水系、土壤、森林、动物等有机地结合在一起,以保护重庆的生态环境为己任,追求人类与大自然的协调发展。

总之,生态屏障的生态文化培育和生态道德教育,就是要把生态文明理念纳入到市民的思想、理念、生活方式中去,让人们的环保意识成为一种自觉的环保行动。通过开展"保护环境,关爱生命"为主题的生态教育活动和生态宣传,充分调动全社会的资源,提高重庆人民的生态伦理素养,健全生态伦理培育机制,形成具有生态价值观的社会主义核心价值观,是筑牢长江上游重要生态屏障必不可少的一项重要举措。

第四节　筑牢重要生态屏障的政策制度优化取向

一、政策制度的有机衔接

首先,推动重庆生态屏障建设的政策制度与长江生态屏障建设的政策制度、生态文明政策制度有机衔接。长江上游重要生态屏障的构建对长江的开发和长江经济带的发展有着重要影响,生态屏障的建设不仅要考虑重庆的生态环境、社会经济环境,更要与生态文明建设、长江生态大保护保持联动。因此,生态屏障相关制度的构建必须与生态文明制度、长江生态大保护制度相契合,推动长江上游重要生态屏障政策制度与另外两者有序衔接。

其次,推动长江上游重要生态屏障建设的政策制度与市内经济制度、政治制度、文化制度、社会制度有机衔接。生态屏障制度的构建,既包括了环境与资源的耦合,也包括了保护生态屏障整体构建的法律制度。重要生态屏障制度与其他方面的制度共同内生于重庆的制度体系之中,因此要通过制度的设计和制度的安排,将其理念、目标、原则等要素纳入到重庆的经济、政治、文化、社会等各个层面、各个环节;充分利用重要生态屏障制度对其他制度的辐射和引导,促进其与经济制度、政治制度、文化制度、社会制度等制度的有机结合、融合与适应,使其他制度的构建朝着生态化的方向发展,这是加强我国重要生态屏障建设制度信心的根本所在。

二、政策制度的动态更新

制度的"立改废释"往往滞后于实践需要,长江上游重要生态屏障的政策制度建设必须与时俱进。对已有制度存在的短板进行筛查,建立常态化的生态屏障制度体系的动态更新机制,确保生态文明制度体系运转流畅有效。针对现有的生态环境保护政策制度,根据生态屏障建设的总体要求和相关政策措施的实践需求,填补政策漏洞,修补制度缺失,实现生态屏障建设相关政策制度的动态更新。比如,在生态保护的法律法规方面,现行生态环保法律法规较大程度上难以适应新时代生态环境问题呈现出的新特点,应适时修订完善现行的生态环保法律条例,及时废止不适应生态屏障建设现状的律法条例。针对当前环境保护相关律法对生态环境破坏的惩罚范围小、惩处力度弱、惩处方式少的现状,适当扩大污染行为的违法违规范围,增加对违法者的罚款金额、处罚力度和方式;对于违法违规破坏环境情节严重的情况,加大刑事处罚力度。通过增加违法成本达到减少违法行为的效果。随着长江重要生态屏障建设的持续推进,立法部门应对经济法、行政法、民法等进行适当的修订,使各部门法具有内在的统一性,形成科学、有力的生态文明法治合力,保障重庆筑牢长江上游生态屏障建设的持续推进。

三、政策制度的创新协同

　　制度创新是优化制度体系的有效方式,生态屏障制度体系的发展既是对原有生态环境保护制度的继承,又需要根据形势发展需要而不断创新。随着时代变迁,重庆在建设长江上游重要生态屏障的过程中,必然会出现现有制度尚无法有效规范的领域,由此彰显出生态屏障制度创新的重要意义。在创新生态文明制度体系的同时,加强相关制度的创新、完善生态文明建设的制度配套,加强配套政策制度的创新协同。

　　一方面,应对重庆目前的生态屏障建设情况进行全面评估,找出不足,发掘新的实践需求,以此为基础修订或建立相应的生态环境政策制度。另一方面,树立整体性思维,注重制度各要素之间、新建制度与配套制度之间的协同,充分发挥制度体系的整体效益,避免出现制度"碎片化"现象。以排污权交易制度为例,完整意义上包含三部分:总量控制、初始权分配和排污权交易,三者互相衔接构成一个整体,缺一不可。但在实际执行中,很多地方将排污权交易制度理解为"交易"这一个环节,导致制度的"碎片化"。唯有立足整体,实现政策制度的创新协同,才能科学构建长江上游重要生态屏障。

四、政策制度的落地实施

　　为保障政策制度的施行效果,必须强化对相关政策制度落实过程的管理。在明确相关生态环境职能部门职责的前提下,以管理与监督为必要手段保证生态屏障建设制度的落地生根。

　　首先,明确相关生态环境职能部门工作职能。生态屏障的制度建设应明确相关任务要求,完善相关任务规划,强化组织领导,明确职责分工。加快建设山清水秀美丽之地领导小组的统筹领导,明确市发展改革委、市生态环境局、市财政局、市规划和自然资源局、市住房和城乡建委、市城市管理局、市交通委、市水利局、市农业农村委、市林业局等市级相关部门及各区县的相关职能和责任、实现分工协作。

其次,加强对制度落实的管理与监督。建立一套完善的生态屏障建设制度保障,必须有配套的监管措施予以配合。一方面,有关的职能单位要积极、主动地搭建起一个环境信息开放共享的平台,针对那些对生态环境造成潜在危害的重要项目进行公众的听证,用各种方式让人民群众了解有关的情况,从而使人民群众能够真正地进行自己的生态参与,达到对社会的有效监管。另一方面,有关主管机关要结合自身情况,构建高度专业化的环境影响评价体系。定期或不定期地对有关政策的执行状况进行事前、事中、事后的评价,对其实施过程中出现的问题进行修正,并对相应的经验进行总结,对现有的政策体系进行进一步的完善。

10

总结与建议

第一节　总结

长江上游重要生态屏障包括上游及其众多支流流域、山丘等不同区域屏障体系,其建设是国家生态安全战略的重要组成部分,是长江流域生态安全的重要保障。发源于青藏高原,流经横断山区、云贵高原、四川盆地的长江在重庆贯穿三峡,最终流入东海,形成"山—河—湖—海"流域综合体。重庆是我国重要的中心城市,地处三峡库区腹地,是长江上游重要生态屏障的关键区域。早在2016 年 1 月,习近平总书记在考察重庆时指出,"当前和今后相当长一个时期,要把修复长江生态环境摆在压倒性位置,共抓大保护,不搞大开发""保护好三峡库区和长江母亲河,事关重庆长远发展,事关国家发展全局。要深入实施'蓝天、碧水、宁静、绿地、田园'环保行动,建设长江上游重要生态屏障,推动城乡自然资本加快增值,使重庆成为山清水秀美丽之地"。而在 2024 年 4 月 22 日至 4月 24 日,习近平总书记第三次考察重庆时再次指出,"大力推动绿色发展,建设美丽重庆,筑牢长江上游重要生态屏障"。这既是习近平总书记对重庆提出的重要政治任务,也是重庆推进生态文明建设和在长江经济带绿色发展中发挥示范作用的总体遵循。

近年来,重庆市坚持以习近平生态文明思想为指导,深化落实习近平总书记对重庆提出的"两点"定位、"两地""两高"目标、发挥"三个作用"和营造良好政治生态的重要指示要求,强化"上游意识",担起"上游责任",强力推进长江上游重要生态屏障建设,打好污染防治攻坚战,坚持生态优先绿色发展,推进山水林田湖草沙等各生态要素协同治理,重要生态屏障建设取得积极成效。全市地表水总体水质为优,长江干流重庆段水质为优,连续 7 年保持 II 类,74 个国控断面水质优良比例达 100%,城市集中式饮用水水源地水质达标率常年保持 100%。国土绿化水平不断提升,全市森林覆盖率提高到 55.06%。通过加大生物多样性保护力度,90%以上的珍稀濒危野生动植物得到积极保护。重庆在保持经济高质量发展的前提下,生态环境质量持续好转,出现稳中向好趋势。

尽管重要生态屏障建设已经取得明显的阶段性成效,但尚未实现由量变到质变的飞跃,离筑牢长江上游重要生态屏障的目标要求仍有差距。全市生态环境总体较为脆弱,环境容量存在不足,污染防治任务较重,水环境质量"大河好、小河差"的不平衡局面尚未扭转,部分流经城镇的河流黑臭问题突出;湖库水质提升仍有较大空间,三峡库区部分支流水华时有发生;畜禽养殖和农业面源污染形势严峻,乡村生态环境问题突出。全市森林资源分布不均、林相结构单一,生物多样性受胁情况仍然存在;外来有害物种入侵形势严峻,威胁区域生态安全。全市环境风险源量大面广,三峡库区水环境风险防控任务仍较艰巨;矿山生态环境未得到彻底修复,土壤环境污染防治体系尚不健全。上述问题已成为当前重庆全面筑牢长江上游重要生态屏障的短板。

重庆必须紧紧抓住长江上游重要生态屏障建设的机遇,坚决贯彻"共抓大保护、不搞大开发"方针,强化"上游意识",担起"上游责任",以保障区域生态安全为出发点,以维护并改善区域重要生态功能为目标,在充分认识长江上游重要生态屏障的生态系统结构、过程及生态服务功能空间分异规律的基础上,明确国土空间生态管控区,构建重要生态屏障。

一、创新筑牢生态屏障模式,促进生态屏障建设与经济社会发展协同共生,建成"一库(三峡库区生态屏障),一城(主城城乡生态屏障),南北两屏(渝东北大巴山生态屏障,渝东南武陵山生态屏障)"体系

遵循"山水林田湖草沙"生命共同体理念,从生态系统建设角度,应从山地生态屏障、森林生态屏障、草地生态屏障、水域生态屏障、湿地生态屏障、土壤生态屏障六个方面,全方位构建长江上游重要生态屏障。

根据全市各区域资源禀赋和生态环境特征,提出重庆构建长江上游重要生态屏障的空间格局为"一库、一城、南北两屏"。"一库",即三峡库区生态屏障建设;"一城",即主城城乡生态屏障建设,重点是渝中平行岭谷生态屏障、渝西方山丘陵生态屏障、渝南大娄山北缘生态屏障;"南北两屏",即指渝东北大巴山生态屏障、渝东南武陵山生态屏障。

从生态要素角度构建的山地、森林、草地、水域、湿地、土壤六大生态屏障体系,与"一库、一城、南北两屏"的生态屏障空间格局交相呼应。通过护山、营林、丰草、理水、建湿、保土,各要素协同共生,从要素上构建全市重要生态屏障的"山水林田湖草"综合生态系统格局;通过生态库区建设、绿色城区建设以及渝东北大巴山和渝东南武陵山生态保护修复,形成全市"一库、一城、南北两屏"的优良生态空间格局。通过加强与长江流域国土空间规划的衔接,实施国土空间分区、分类用途管制;结合全市"一库、一城、南北两屏"的生态本底和生态屏障功能需求,以"一库、一城、南北两屏"建设为重要抓手,通过山地生态屏障、森林生态屏障、草地生态屏障、水域生态屏障、湿地生态屏障、土壤生态屏障的协同建设,构建以大巴山、巫山、武陵山、大娄山、华蓥山为主体,以长江、嘉陵江、乌江及其次级河流为主脉,以重要独立山体、大中型湖库以及各类自然保护地为补充的立体化、网络化、复合型生态屏障格局。

二、以"山水林田湖草沙"生命共同体为统筹,推进生态屏障优先行动

以"山水林田湖草沙"生命共同体为统筹,创新全市生态屏障筑牢模式,基于全面提升优化生态屏障的生态服务功能,强力推进重要生态屏障筑牢优先行动计划。

全市生态屏障优先行动计划包括:(1)以生态库区为抓手促进三峡库区生态屏障建设;(2)加强大巴山区水源涵养生态屏障区建设;(3)加强武陵山区生

物多样性保护生态屏障区建设;(4)推进大娄山北缘生物多样性保育生态屏障区建设;(5)基于自然的解决方案,统筹"山水林田湖草沙"修复工程,实施"山水林田湖草沙"生命共同体整体生态修复;(6)加强以"四山"为龙头的渝中平行岭谷生态屏障建设;(7)实施主城中心城区"两江四岸"生态修复与景观优化协同工程;(8)推进以巴蜀生态走廊建设为核心的成渝地区双城经济圈生态保护修复;(9)以"一区两群"为核心,推进碳达峰碳中和优先行动。

在全市生态屏障筑牢优先行动计划中,重中之重是以生态库区为抓手的三峡库区生态屏障建设。在三峡库区移民、水污染防治和水土流失治理取得阶段性成果的基础上,根据长江生态大保护和长江经济带绿色发展目标需求,推进三峡库区"山水林田湖草沙"生命共同体共保共治共管,实施"两岸青山·千里林带"工程,加强消落区生态修复及库区沿江地质灾害综合防治。

山、林、草、水、湿、土是全市生态屏障筑牢之基,是最重要、最核心的生态要素,是绿色发展的命脉。在长江上游重要生态屏障筑牢中,以山、林、草、水、湿、土为基,通过护山、营林、丰草、理水、建湿、保土,各要素协同共生,从要素上构建全市生态屏障综合系统格局,实现"一库、一城、南北两屏"优良生态空间格局的建设目标,最终形成全市立体化、网络化、复合型生态屏障。实现全市"山—林—草—水—湿—土"与城乡人居环境的一体化,把重庆建设成为长江上游最美生态高地和最耀眼的生态明珠。

在对全市重要生态屏障建设实践示范分析的基础上,提出以长江上游重要生态屏障筑牢为重点,合理布局,建设一批以水源涵养、水土保持、洪水调蓄、生物多样性保育为重点的生态屏障功能区,形成完善的生态屏障体系,建立完备的重点生态屏障筑牢相关政策、法规、标准和技术规范体系,使市域内重要生态屏障区的生态退化趋势得到遏制,生态功能得到有效恢复和完善。

第二节　建议

针对重庆筑牢长江上游重要生态屏障中存在的问题,遵循习近平总书记"保护好三峡库区和长江母亲河,事关重庆长远发展,事关国家发展全局"。要深入实施"'蓝天、碧水、宁静、绿地、田园'环保行动,促进城乡资源的快速增值,使重庆成为山清水秀美丽之地",全力筑牢长江上游重要生态屏障,努力在推进长江生态大保护和长江经济带绿色发展中发挥示范作用。在此基础上,提出筑牢长江上游重要生态屏障的建议。

一、推进"山水林田湖草沙"生命共同体保护修复,全面构筑长江上游重要生态屏障

推进"山水林田湖草沙"生命共同体保护修复,根据生态屏障的组成要素确定重庆构建长江上游重要生态屏障建设框架,包括森林生态屏障、水生态与湿地生态屏障、土壤保护生态屏障、石漠化防治生态屏障、农田保护生态屏障、城乡人居环境生态屏障。按照上述六大体系框架,森林、水生态与湿地生态、土壤保护、石漠化防治、农田保护、城乡人居环境是长江上游重要生态屏障的有机组成部分,各要素屏障之间紧密联系,相互支撑,不可割裂。从生态屏障各要素组成的整体系统出发,加大力度建设重要生态屏障,建成以森林、水生态和湿地生态为重要生态基础支撑,土壤保护、石漠化防治、农田保护、城乡人居环境建设并重的生态屏障体系,筑牢流域一体化、"山水林田湖草沙"生命共同体协同共生的长江上游重要生态屏障。

二、以三峡库区生态保护屏障为核心,筑牢全市重要生态屏障

重点针对长江上游重要生态屏障区的几个国家重要生态功能区,建设以三峡库区生态保护屏障为核心,以大巴山生态屏障、武陵山生态屏障、大娄山北缘

生态屏障为重要支撑的生态屏障建设,加快实施护山、营林、理水、整田、清湖、丰草工程与生态产业的协同发展,建成一批生态屏障建设示范基地,实施一批重大关键生态工程。采取一系列优先行动计划,包括三峡库区生态保护修复优先行动、大巴山区生态屏障建设优先行动、武陵山区生态屏障建设优先行动、大娄山北缘生态屏障建设优先行动、"山水林田湖草沙"生命共同体生态修复优先行动、"四山"保护优先行动、都市区"两江四岸"生态修复与景观优化优先行动、成渝地区双城经济圈生态保护优先行动、碳达峰碳中和优先行动计划,全面构筑长江上游重要生态屏障。

三、以科学技术为支撑,推进生态屏障筑牢与生态产业协同发展

牢固树立"绿水青山就是金山银山"的生态文明理念,在筑牢长江上游重要生态屏障中,努力探索生态优先、绿色发展新路子,学好用好"两山论",走深走实"两化路",推进长江上游重要生态屏障筑牢与生态产业协同发展,加快实施护山、营林、丰草、理水、建湿、保土工程与生态产业的协同发展,在生态屏障区内建成一批生态产业示范基地。发展具有区域特色的生态产业,形成完整的生态产业体系和生态产业链。根据资源禀赋和生态条件,在全市生态屏障区内,构建差异化的生态产业发展路径:在渝东北大巴山、渝东南武陵山屏障区内发展山地生态产业,该区的立体地形、异质性环境、多样化景观、丰富的物种资源以及独具特色的山地文化,为多样化生态产业的发展提供了极好基础;在三峡库区注重库区生态经济要素集成与协同,建设长江经济带三峡库区生态优先绿色发展先行示范区,将三峡库区建成长江经济带的生态乐园;在渝西方山丘陵区和渝中平行岭谷区生态屏障区发展丘区生态产业,借鉴传统农业文化遗产和乡村生态智慧,在山地丘陵区域大力发展共生型立体生态农业,如"果-粮共生型""稻-鱼共生型""稻-鸭共生型""稻-鸭-鱼共生型"生态农业。促进多功能生态产业发展,实施一批生态产业工程,以生物生产和生物多样性保育为主导功

能,兼具环境污染治理、水源涵养、水土保持、景观美化优化等多功能,实现全市生态屏障区内生态美、百姓富的有机统一。

四、顶层设计与基层创新相结合,加强生态屏障筑牢全过程管理,创新生态屏障筑牢管理机制

以政府、市场和公众三个层面为突破口,建立基于政府主导、市场与社会公众协同保障的生态屏障筑牢制度框架,构建分别以政府、市场和公众为主的管治制度、市场制度和公众参与制度。一方面,应从流域整体性出发加强生态屏障制度建设的“顶层设计”,提升全局统领力;另一方面,从重庆具体实际出发,立足重庆的生态环境制度建设情况,注重基层创新,在完善顶层设计的同时“摸着石头过河”,将顶层设计与实践创新相结合。

加快构建以生态保护修复制度、绿色技术创新制度为核心的长江上游重要生态屏障筑牢的制度框架。建立和完善国土空间规划和用途统筹协调管控制度、自然资源产权制度、生态系统修复制度、以河长制及林长制为核心的生态系统专项保护制度、以过程补偿为核心的生态补偿制度。构建长江上游重要生态屏障筑牢的保障制度,包括生态系统保护巩固制度、生态系统修复过程管控制度和追责惩处制度,构建完整的激励与约束、监管与惩罚、防范与化解并存的闭合逻辑框架体系。保障生态屏障筑牢的政策制度取向优化,使重庆构建长江上游重要生态屏障的政策制度与整个长江生态屏障建设政策制度构建保持一致,做好重庆筑牢长江上游重要生态屏障与长江整体生态屏障建设政策制度的上下衔接。

重庆筑牢长江上游重要生态屏障的政策制度建设必须与时俱进,针对现有的生态环境保护立法及相关法律规范,根据生态屏障筑牢的总体要求和相关政策措施的实践需求,填补立法漏洞,修补立法缺失,完善《长江保护法》相关配套政策,进行生态屏障制度创新,从而实现重庆筑牢长江上游重要生态屏障政策制度的有效性和动态更新。

参考文献

BIRD P R, BICKNELL D, BULMAN P A, et al., 1992. The role of shelter in Australia for protecting soils, plants and livestock[J]. Agroforestry Systems, 20(1): 59-86.

BRYAN B A, GAO L, YE Y Q, et al., 2018. China's response to a national land-system sustainability emergency[J]. Nature, 559(7713): 193-204.

DOVERS S R, HANDMER J W. 1992. Uncertainty, sustainability and change [J]. Global Environmental Change-Human and Policy Dimensions, 2(4): 262-276.

DZYBOV D S, 2007. Steppe field shelterbelts: a new factor in ecological stabilization and sustainable development of agrolandscapes [J]. Russian Agricultural Sciences, 33(2): 133-135.

FENG X M, FU B J, LU N, et al., 2013. How ecological restoration alters ecosystem services: an analysis of carbon sequestration in China's Loess Plateau[J]. Scientific Reports, 3: 2846.

FERRIS J, NORMAN C, SEMPIK J, 2001. People, land and sustainability: community gardens and the social dimension of sustainable development[J]. Soc Policy Adm, 35(5): 559-568.

FUJIKAKE, 2007. Selection of tree species for plantations in Japan[J]. Forest Policy and Economics, 9(7): 811-821.

GOFFNER D, SINARE H, GORDON L J, 2019. The Great Green Wall for the Sahara and the Sahel Initiative as an opportunity to enhance resilience in Sahelian landscapes and livelihoods[J]. Regional Environmental Change, 19

（5）：1417-1428.

HEIN L, VAN KOPPEN K, DE GROOT R S, et al., 2006. Spatial scales, stakeholders and the valuation of ecosystem services [J]. Ecological Economics, 57(2)：209-228.

HUANG L, CAO W, XU X L, et al., 2018. Linking the benefits of ecosystem services to sustainable spatial planning of ecological conservation strategies[J]. J Environ Manage, 222：385-395.

KUMI E, ARHIN AA, YEBOAH T, 2014. Can post-2015 sustainable development goals survive neoliberalism? A critical examination of the sustainable development-neoliberalism nexus in developing countries[J]. Environ Dev Sustain, 16(3)：539-554.

LINNÉR B O, SELIN H, 2013. The united nations conference on sustainable development：forty years in the making[J]. Environ Plann C Gov Policy, 31(6)：971-987.

ORTH J, 2007. The shelterbelt project：cooperative conservation in 1930s America[J]. Agric Hist, 81(3)：333-357.

OUYANG Z Y, ZHENG H, XIAO Y, et al., 2016. Improvements in ecosystem services from investments in natural capital [J]. Science, 352 (6292)：1455-1459.

Roland R, 1952. Forest and shelterbelt planting in the United States—1951[J]. Journal of Forestry, 50：605-608.

SWART R, 2003. Climate change and sustainable development：expanding the options[J]. Climate policy, 3：S19-S40.

YANG M H, GAO X D, ZHAO X N, et al., 2021. Scale effect and spatially explicit drivers of interactions between ecosystem services—a case study from the Loess Plateau[J]. Science of the Total Environment, 785：147389.

ZHU J J, GONDA Y, YU L Z, et al., 2012. Regeneration of a coastal pine (*Pinus thunbergii* Parl.) forest 11 years after thinning, Niigata, Japan［J］. PLoS One, 7(10)：e47593.

习近平, 2017. 决胜全面建成小康社会 夺取新时代中国特色社会主义伟大胜利——在中国共产党第十九次全国代表大会上的报告［M］. 北京：人民出版社.

习近平, 2021. 论把握新发展阶段、贯彻新发展理念、构建新发展格局［M］. 北京：中央文献出版社.

习近平, 2022. 论坚持人与自然和谐共生［M］. 北京：中央文献出版社.

马克平, 钱迎倩, 1994.《生物多样性公约》的起草过程与主要内容［J］. 生物多样性, (1)：54-57.

王玉宽, 孙雪峰, 邓玉林, 等, 2005. 对生态屏障概念内涵与价值的认识［J］. 山地学报, 23(4)：431-436.

王雨辰, 彭奕为, 2022. 十八大以来党领导生态文明建设的理论创新和实践创新及其当代价值［J］. 兰州大学学报(社会科学版), 50(2)：1-14.

王波, 何军, 王夏晖, 2019. 拟自然, 为什么更亲近自然？——山水林田湖草生态保护修复的技术选择［J］. 中国生态文明, (1)：70-73.

王冠军, 刘小勇, 2019. 推进河湖强监管的认识与思考［J］. 中国水利, (10)：5-7.

王晓峰, 尹礼唱, 张园, 2016. 关于生态屏障若干问题的探讨［J］. 生态环境学报, 25(12)：2035-2040.

王斯敏, 蒋新军, 覃庆卫, 2019. 长江经济带绿色发展, 重庆如何发挥示范作用［N］. 光明日报, 11-29(7).

韩凤凤, 2021. 碳达峰碳中和是企业绿色转型的重要机遇［N］. 中国建材报, 2-22(1).

云正明, 刘金铜, 1998. 生态工程［M］. 北京：气象出版社.

中共中央马克思恩格斯列宁斯大林著作编译局，2009. 马克思恩格斯文集-3：1864—1883 年[M]. 北京：人民出版社.

中国大百科全书生态学卷编委会，2021. 中国大百科全书(第三版)-生态学卷[M]. 北京：中国大百科全书出版社.

中国林业技术交流代表团，1983. 日本治山事业的考察见闻[J]. 农业经济问题，4(1)：55-58.

邓伟，刘红，袁兴中，等，2015. 三峡库区水源涵养重要区生态系统格局动态演变特征[J]. 长江流域资源与环境，24(4)：661-668.

邓玲，刘雨林，2008. 论构建和谐社会视野下的西藏经济可持续发展[J]. 开发研究，(1)：15-21.

邓玲，2002. 论长江上游生态屏障及其建设体系[J]. 经济学家，(6)：80-84.

邓湖川，2023. 恩格斯《自然辩证法》的自然观及其对我国生态文明建设的启示[J]. 马克思主义研究，(4)：109-119.

卢风，2020. 利奥波德土地伦理对生态文明建设的启示：纪念《沙乡年鉴》出版七十周年[J]. 阅江学刊，12(1)：44-52，121.

四川省林学会办公室，2002. 四川省林学会建设长江上游生态屏障学术研讨会纪要[J]. 四川林业科技，23(1)：41-43.

代云川，李迪强，2022. 生态屏障的内涵、评价体系、建设实践研究进展[J]. 地理科学进展，41(10)：1969-1978.

丛晓男，李国昌，刘治彦，2020. 长江经济带上游生态屏障建设：内涵、挑战与"十四五"时期思路[J]. 企业经济，39(8)：41-47.

达凤全，2001. 西部生态建设的战略举措：长江上游地区重建生态屏障的调查研究[J]. 求是，(11)：53-55，64.

成金华，尤喆，2019. "山水林田湖草是生命共同体"原则的科学内涵与实践路径[J]. 中国人口·资源与环境，29(2)：1-6.

朱教君，2013. 防护林学研究现状与展望[J]. 植物生态学报，37(9)：

872-888.

向羚丰,袁兴中,袁嘉,等,2022. 基于生物多样性保育的山区乡村生态振
兴模式探索:以武陵山区桥头镇为例[J]. 西部人居环境学刊,37(3):
40-47.

刘兴良,杨冬生,刘世荣,等,2005. 长江上游绿色生态屏障建设的基本途
径及其生态对策[J]. 四川林业科技,26(1):1-8.

刘杨靖,米珊珊,袁嘉,等,2017. 丘区涵养湿地生态设计研究:以三峡库区
垫江县迎凤湖为例[J]. 三峡生态环境监测,2(2):45-52.

刘登娟,黄勤,邓玲,2014. 中国生态文明制度体系的构建与创新:从"制度
陷阱"到"制度红利"[J]. 贵州社会科学,(2):17-21.

江泽慧,1998a. 构筑中华民族的绿色生态屏障[J]. 瞭望新闻周刊,(41):
7-9.

江泽慧,1998b. 保护森林资源 建设绿色生态屏障:长江、嫩江、松花江特大
洪水后的反思[J]. 林业科技管理,(3):12-16.

孙鸿烈,郑度,姚檀栋,等,2012. 青藏高原国家生态安全屏障保护与建设
[J] 地理学报,67(1):3-12.

李开明,2019. 寻根究底 量体裁衣 推陈出新:山水林田湖草生态保护修复
的三个重要环节[J]. 中国生态文明,(1):64-65.

李世东,徐程扬,2003. 论生态文明[J]. 北京林业大学学报(社会科学版),
2(2):1-5.

李世东,翟洪波,2002. 世界林业生态工程对比研究[J]. 生态学报,22
(11):1976-1982.

李世东,2022. 世界重点生态工程:韩国治山绿化计划[J]. 国土绿化,
(11):67-69.

李发玉,尹权为,胡俊,等,2020. 重庆市草地资源分布现状及类型特征
[J]. 草地学报,28(2):474-482.

李达净，张时煌，刘兵，等，2018."山水林田湖草—人"生命共同体的内涵、问题与创新[J].中国农业资源与区划，39(11)：1-5，93.

国务院发展研究中心课题组，2014.生态文明建设科学评价与政府考核体系研究[M].北京：中国发展出版社.

杨冬生，2002.论建设长江上游生态屏障[J].四川林业科技，23(1)：1-6.

张洪伟，2019.新时代中国生态文明制度建设特色与路径研究[D].北京：中共中央党校.

张梓太，1998.中国古代立法中的环境意识浅析[J].南京大学学报(哲学·人文科学·社会科学)，35(4)：154-159.

张惠远，李圆圆，冯丹阳，等，2019.明确内容标准 强化实施监管：山水林田湖草生态保护修复的路径探索[J].中国生态文明，(1)：66-69.

陈吉龙，2010.重庆市三峡库区植被覆盖度的遥感估算及动态变化研究[D].重庆：西南大学.

陈庆修，2002.推动绿色技术创新 完善市场机制是关键[N].学习时报，2019-04-10(6).

陈国阶，2002.对建设长江上游生态屏障的探讨[J].山地学报，20(5)：536-541.

陈宜瑜，Beate Jessel，2011.中国生态系统服务与管理战略[M].北京：中国环境科学出版社.

欧阳志云，崔书红，郑华，2015.我国生态安全面临的挑战与对策[J].科学与社会，5(1)：20-30.

罗明，于恩逸，周妍，等，2019.山水林田湖草生态保护修复试点工程布局及技术策略[J].生态学报，39(23)：8692-8701.

金瑛，2008.韩国治山绿化运动的经验及启示[J].当代韩国，(2)：48-53.

郇庆治，2022.开辟马克思主义人与自然关系理论新境界[J].理论导报，(7)：15-16.

宝音，包玉海，阿拉腾图雅，等，2002.内蒙古生态屏障建设与保护［J］.水土保持研究，9（3）：62-65，72.

宗楠，孙育红，2018.新常态下绿色技术创新的制度保障探析［J］.东北师大学报（哲学社会科学版），（5）：106-110.

赵芳，2010.生态文明建设评价指标体系构建与实证研究［D］.北京：中国林业科学研究院.

郝栋，2020.推进生态补偿制度体系的建立与完善［J］.中国党政干部论坛，（8）：70-72.

柏方敏，戴成栋，陈朝祖，等，2010.国内外防护林研究综述［J］.湖南林业科技，37（5）：8-14.

钟祥浩，刘淑珍，王小丹，等，2006.西藏高原国家生态安全屏障保护与建设［J］.山地学报，24（2）：129-136.

钟祥浩，2008.中国山地生态安全屏障保护与建设［J］.山地学报，26（1）：2-11.

钦佩，安树青，颜京松，等，1998.生态工程学［M］.南京：南京大学出版社.

重庆市人民政府，2018.重庆市政府发布《重庆市生态保护红线》［N］.重庆晚报，07-09.

重庆市水利局，2019.重庆市水土保持公报（2019年）［R］.重庆：重庆市水利局.

重庆市水利局，2019.重庆市水资源公报（2019年）［R］.重庆：重庆市水利局.

重庆市文化和旅游发展委员会，2020.重庆市旅游业统计公报.重庆：重庆市文化和旅游发展委员会.

重庆市生态环境局，重庆社会科学院，2020.重庆市筑牢长江上游重要生态屏障研究报告［R］.重庆：重庆市生态环境局.

重庆市生态环境局，2020.2020年重庆市生态环境质量简报［R］.重庆：重庆市生态环境局.

重庆市林业局，2017. 重庆市森林资源公报[R]. 重庆：重庆市林业局.

袁兴中，袁嘉，胡敏，等，2021. 顺应高程梯度的山地梯塘小微湿地生态系统设计[J]. 中国园林，37(8)：97-102.

袁兴中，王惠，1996. 生态系统学原理[M]. 济南：山东地图出版社.

袁兴中，向羚丰，扈玉兴，等，2021. 跨越界面的生态设计——河/库岸带生态系统恢复[J]. 景观设计学，9(3)：12-27.

袁兴中，袁嘉，杜春兰，等，2021. 基于自然的解决方案——三峡库区澎溪河消落带生态系统修复的实践探索[J]. 长江科学院院报，39(1)：1-9.

袁嘉，袁兴中，2022. 湿地生态系统修复设计与实践研究[M]. 北京：科学出版社.

顾钰民，2016. 发展理念引领下的制度建设[J]. 中国特色社会主义研究，7(4)：11-15.

高志义，1997. 我国防护林建设与防护林学的发展[J]. 北京林业大学学报，19(S1)：67-73.

唐沛，杨志刚，陈俊华，等，2017. 长江上游生态屏障建设(林业)评价指标体系研究[J]. 四川林业科技，38(3)：1-5.

唐勇军，2020. 建立完善绿色产业发展的制度保障[J]. 群众，(10)：27-28.

曹新富，周建国，2019. 河长制促进流域良治：何以可能与何以可为[J]. 江海学刊，(6)：139-148.

盛连喜，景贵和，2002. 生态工程学[M]. 长春：东北师范大学出版社.

彭少麟，2000. 恢复生态学与退化生态系统的恢复[J]. 中国科学院院刊，15(3)：188-192.

彭少麟，周婷，廖慧璇，等，2020. 恢复生态学[M]. 北京：科学出版社.

程春明，李蔚，宋旭，2015. 生态环境大数据建设的思考[J]. 中国环境管理，7(6)：9-13.

傅伯杰，周国逸，白永飞，等，2009. 中国主要陆地生态系统服务功能与生态安全[J]. 地球科学进展, 24(6): 571-576.

蔡晓明, 2000. 生态系统生态学[M]. 北京: 科学出版社.

樊杰, 2015. 中国主体功能区划方案[J]. 地理学报, 70(2): 186-201.

潘开文, 吴宁, 潘开忠, 等, 2004. 关于建设长江上游生态屏障的若干问题的讨论[J]. 生态学报, 24(3): 617-629.